SAMMLUNG GÖSCHEN BAND 715

DIE DAMPFTURBINEN

IHRE WIRKUNGSWEISE, BERECHNUNG UND KONSTRUKTION

von

PROF. CONST. ZIETEMANN
Diplom-Ingenieur

II

DIE BERECHNUNG DER DAMPFTURBINEN UND DIE KONSTRUKTION DER EINZELTEILE

Dritte, verbesserte Auflage

Mit 111 Abbildungen

WALTER DE GRUYTER & CO.
vormals G. J. Göschen'sche Verlagshandlung · J. Guttentag, Verlagsbuchhandlung · Georg Reimer · Karl J. Trübner · Veit & Comp.

BERLIN 1956

Archiv-Nr. 11 07 15
Satz: Walter de Gruyter & Co., Berlin W 35
Druck: Paul Funk, Berlin W 35
Printed in Germany

Inhaltsverzeichnis

Erster Abschnitt

Die thermische Berechnung der Dampfturbinen

Zweiter Abschnitt

Berechnung und Konstruktion der umlaufenden Teile

Dritter Abschnitt

Die feststehenden Teile der Dampfturbinen

Literatur siehe Teil I

Erster Abschnitt

Die thermische Berechnung der Dampfturbinen

I. Gang der Berechnung

1. Der Rechnungsgang einer Dampfturbine kann sehr verschieden sein, da nicht nur die Größe, sondern auch die Bauart, die praktische Ausführung und die Kosten der Turbine berücksichtigt werden müssen. Somit läßt sich nicht eine ganz bestimmte Berechnung angeben, die für alle Fälle anwendbar ist, es muß vielmehr dieselbe der Ausführungsart der Turbine, die den jeweils vorliegenden Verhältnissen und dem Zweck Rechnung trägt, angepaßt werden. Erweist sich z. B. ein gewählter Raddurchmesser für eine große Leistung als günstig, so wird er für eine kleine Leistung nicht mehr günstig sein, wegen der relativ größeren Verluste. Auch Rücksichten auf Materialbeanspruchung, Gewicht, Raumbedarf und Wirtschaftlichkeit sind maßgebend.

Trotz dieser Beschränkung bliebe dem Konstrukteur noch ein weiter Spielraum in bezug auf die Wahl von Art, Durchmesser und Stufenzahl, doch tritt eine weitere praktische Beschränkung dadurch hinzu, daß bei der Herstellung möglichst wenig verschiedene Größen in möglichst ähnlicher Ausführung erwünscht sind, um die Herstellung zu verbilligen.

Die für die Berechnung maßgebende Bauart ist alsdann durch allgemeine Wahl derselben oder durch die bei dem ausführenden Werk übliche in engeren Grenzen festgelegt. Da für die Leistung die Dampfmenge maßgebend ist, welche entsprechende Querschnitte verlangt, so kann bei gleichem Durchmesser der Laufräder die Leistung sehr verschieden sein, weil die Schaufellänge dementsprechend bemessen werden kann. Die äußeren Abmessungen der Turbine geben demnach kein Bild von der Größe der Leistung. Durch die kleinst- bzw. größtmögliche Schaufellänge ist aber die Anwendbarkeit eines bestimmten Durchmessers der Laufräder begrenzt. Bei Überdruckturbinen, die voll beaufschlagt sein müssen, aber auch bei Gleichdruckturbinen, bei denen, von der 1. (Regel-) Stufe abgesehen, alle Stufen voll beaufschlagt werden, hängt die Wahl der Durchmesser im Hochdruckteil von der kleinsten zulässigen, radialen Leitkanalhöhe bzw. Schaufellänge, im Niederdruckteil von der im Verhältnis zum Durchmesser größten zulässigen Schaufellänge ab, s. Berechnung S. 46. Es bleibt dann nach dem Festlegen der Durchmesser nur die Ermittlung der Stufenzahl bzw. des in jeder Stufe zu verwertenden Wärmegefälles offen.

Weiterhin sind die Austrittswinkel der Schaufeln zu wählen (die Eintrittswinkel sind durch die Richtung des Dampfstrahles bedingt), sowie die erforderlichen Querschnitte und daraus die Schaufellängen zu berechnen.

Gegeben ist neben der Nutzleistung an der Kupplung oder der elektrischen Leistung meist auch die Umlaufzahl, der Dampfzustand vor der Turbine und die Kühlwassertemperatur bzw. der Enddruck. Es folgt dann zunächst

2. die Ermittlung des Gesamtgefälles, um das Arbeitsvermögen von 1 kg Dampf zu erhalten. Am besten und bequemsten geschieht dieses mit Hilfe des *is*-Diagramms (s. Teil I, S. 32). Ist der Enddruck oder bei Kondensationsturbinen die Kühlwassermenge gegeben, oder steht genügend zur Verfügung, so kann das Vakuum bzw. der Druck im Kondensator und im Abdampfstutzen ermittelt werden (s. Teil III). Folgende Zahlentafel gibt das Vakuum und den Druck im Abdampfstutzen für eine Kühlwassermenge gleich der 50–60fachen Dampfmenge und für die übliche Kühlflächenbeanspruchung.

Im Kondensator ist das Vakuum 0,5% höher, der abs. Druck 0,005 at niedriger.

Zahlentafel

Kühlwasser-temperatur °C	10°	13°	15°	20°	25°	27°	30°	35°
Vakuum v. H.	96,0	95,5	95,0	93,5	92,0	91,0	89,5	86,0
Abs. Druck at.	0,004	0,045	0,05	0,065	0,075	0,09	0,105	0,14

Beispiel. Es sei $p = 12$ ata, $t = 300^0$ und die Kühlwassertemperatur 19°. Dann ist nach obiger Zahlentafel ungefähr $p_0 =$ 0,06 at und aus dem *is*-Diagramm

$$h_t = i - i_0 = 726{,}8 - 517{,}2 = 209{,}6 \text{ kcal/kg}.$$

Steht kein *is*-Diagramm zur Verfügung, so kann das Arbeitsvermögen nach Teil I, Gleichung (18), S. 20, bestimmt werden.

Nun kann der theoretische Dampfverbrauch nach Teil I, Gl. (75) bestimmt werden:

(1) $$D_{th} = 632 : h_t \text{ kg/PSh}$$

und nach vorläufiger Annahme des effektiven Wirkungsgrades η_e nach Teil I, Zahlentafel, S. 118, der effektive (Nutz-) Dampfverbrauch

(2) $$D_e = 632 : (h_t \eta_e) \text{ kg/PS}_e\text{h}.$$

Die sekundlich durch die Turbine strömende Dampfmenge ist dann

(3) $$G_{\text{sek}} = N_e D_e : 3600 \text{ kg/s}.$$

Sollte sich nach der genauen Durchrechnung der effektive Wirkungsgrad wesentlich anders ergeben als erst angenommen, so müßte der dadurch berührte Teil der Berechnung mit der neuen Annahme nochmals wiederholt werden. Die Berechnung der Abmessungen erfolgt mit dem ermittelten genauen Werte der Dampfmenge.

3. Die Wahl der Turbinenart erfolgt nach folgenden Gesichtspunkten: Zunächst wird festzulegen sein, ob die Turbine nach dem Gleichdruck-, nach dem Überdrucksystem oder nach dem Gleichdruck-Überdrucksystem ausgeführt

werden soll. Für kleine Leistungen wird nur Gleichdruck in Frage kommen (s. Teil I, S. 81), für mittlere — etwa von 500 PS an — auch die kombinierte Gleichdruck-Überdruckturbine und für große Leistungen — über 5000 PS — die reine Gleichdruckturbine, die kombinierte oder auch die reine Überdruckturbine. Die Vorteile der einzelnen Bauarten s. Teil I. Für die Wahl sind neben den Betriebsverhältnissen (Gegendruck u. a.), Umlaufzahl und Verwendungszweck (Schiffs- oder Landturbine), auch der Raumbedarf, Gewicht und der Preis maßgebend.

Nach erfolgter Wahl der Bauart — meist wird diese vom ausführenden Werk schon festgelegt sein — sind noch verschiedene Erwägungen anzustellen für die Wahl der Durchmesser, der Stufenzahl und der Einzelgefälle, worauf dann die Berechnung der einzelnen Stufen folgt. Diese ist verschieden für Gleichdruck- und für Überdruckturbinen.

II. Gleichdruckturbinen

1. Wahl der Ausführungsart. Die einfachste Ausführung wäre die einstufige Turbine, sie erfordert aber eine hohe Umfangsgeschwindigkeit, da der Wirkungsgrad am Radumfang den günstigsten Wert bei $u/c_1 = \cos \alpha_1/2$ hat (Teil I, S. 63), also bei etwa $u = 0{,}5\, c_1$, was meist mit Rücksicht auf die Materialbeanspruchung nicht ausführbar ist, aber auch wegen der konstruktiv und wirtschaftlich ungünstig großen Durchmesser. Es müssen deswegen die in Teil I, S. 70 erwähnten Mittel zur Verringerung der Umlaufsgeschwindigkeit angewendet werden.

Praktisch liegt die günstigste Umfangsgeschwindigkeit bei einem kleineren Wert von u/c_1 wegen der Radreibungs- und Ventilationsverluste, die besonders bei kleinen Leistungen von Einfluß sind.

Im allgemeinen wird nur bei kleinen Leistungen oder bei Gegendruckturbinen die einstufige Turbine gewählt, und zwar mit Geschwindigkeitsabstufung. Dadurch werden die Kleinturbinen einfach und billig.

Mehrere Druckstufen je mit Geschwindigkeitsstufen — Curtisturbine — werden angewendet, wenn großes Gefälle mit wenig Stufen verarbeitet werden soll, und bei langsam laufenden Turbinen; bei größeren Leistungen ist aber der Wirkungsgrad dieser Turbinenart schlechter, als bei reiner Druckstufung — Zoellyturbinen. Im allgemeinen wird bei kleineren und mittleren Leistungen im Hochdruckteil Geschwindigkeitsstufung bessere Wirkungsgrade haben können, im Niederdruckteil reine Druckstufung. Deswegen werden vielfach Turbinen dieser Bauart ausgeführt.

2. Die Wahl der Durchmesser bei gegebenem Gefälle muß mit Rücksicht auf die günstigste innere Leistung, d. h. die an die Welle abgegebene Leistung $L_i = L_u - L_{rv} - L_{sp}$ bzw. $h_i = h_u - h_{rv} - h_{sp}$ erfolgen. Es wird demnach wegen der Radreibung und Ventilation und der Lässigkeit der höchste, innere Wirkungsgrad η_i bei einem kleineren Werte u/c_1 liegen, also bei einem kleineren Raddurchmesser. Um diesen zu finden, ermittelt man die Umfangsleistung aus dem Geschwindigkeitsplan (Teil I, S. 105)

(4) $$h_u = Au(w_{1u} + w_{2u}) : g \text{ kcal/kg}$$

und den Reibungsverlust

(5) $$h_{rv} = AN_{rv}\, 75 : G_{\text{sek}} = N_{rv} : 5{,}7\, G_{\text{sek}} \text{ kcal/kg}$$

mit N_{rv} nach Teil I, S. 92, für einige Werte von u/c_1, die unter dem Höchstwert liegen und trägt dafür die inneren Wirkungsgrade $\eta_i = h_i : h_t$ über u/c_1 bzw. dem Durchmesser auf, wodurch man den günstigsten Wert feststellen kann (Abb. 19). Meist nimmt man aber einen etwas kleineren Durchmesser, da sich der Wirkungsgrad in der Nähe des Scheitels der parabelartigen Kurve wenig ändert und sich eine billigere Ausführung ergibt.

Die Düsenwinkel α_1 können nach praktischer Bewährung wie folgt angenommen werden:

für 1kränzige Räder (1 Geschw.-Stufe) $\alpha_1 = 12-14^0$
für 2kränzige Räder (2 Geschw.-Stufen) $\alpha_1 = 20^0$
für 3kränzige Räder (3 Geschw.-Stufen) $\alpha_1 = 22^0$
für 4kränzige Räder (4 Geschw.-Stufen) $\alpha_1 = 24-25^0$.

Die Schaufeleintrittswinkel ergeben sich aus dem Geschwindigkeitsplan aus der Richtung von w_1, wobei zur Vermeidung des Rückenstoßes der Schaufelwinkel etwas größer zu wählen ist als β_1 der Geschwindigkeit w_1. Der Schaufelaustrittswinkel β_2 soll etwa $5-8^0$ kleiner sein als der Eintrittswinkel. Bei wiederholter Beaufschlagung sind Ein- und Austrittswinkel gleich. Bei mehrkränzigen Rädern sind als praktisch günstigste nach Wagner[1]) die Austrittswinkel wie folgt anzunehmen:

für	1. Laufschauf.	I. Uml.-schauf.	2. Laufschauf.	II. Uml.-schauf.	3. Laufschauf.	III. Uml. schauf.	4. Laufschauf.
2-kränz. Rad	$\beta_2 = 25^0$	33^0	45^0	—	—	—	—
3-kränz. Rad	= 26	30	34	40	45	—	—
4-kränz. Rad	= 26	28	31	33	36	40	45^0

Durch diese Winkel werden die Umfangswirkungsgrade etwas höher als Abb. 34, Teil I, S. 73.

Bei mehreren Druckstufen ist bei gegebenem Durchmesser für jede Stufe wie oben zu verfahren, doch wird meist, wie erwähnt, der Durchmesser durch die Forderung voller Beaufschlagung (bei Drosselreglung von der 1. Stufe an, bei Mengenreglung von der 2. Stufe an) zu bestimmen sein, und zwar derart, daß die kleinste, radiale Kanalhöhe a (Abb. 3, S. 10)

bei gefrästen Kanälen mindestens $a = 10$ bis 15 mm,
bei eingegossenen Leitschaufeln mindestens $a = 15$ bis 20 mm
beträgt.

---

[1]) Die Wirkungsgrade von Dampfturbinenschauflungen. Springer, 1914.

Aus der Stetigkeitsbedingung $Fc_1 = G_{sek} \cdot v_1$, worin F m² der Leitquerschnitt, c_1 m/s die wirkliche Dampfgeschwindigkeit, v_1 m³/kg das zugehörige spez. Volumen und G_{sek} kg/s das sekundliche Dampfgewicht, folgt mit $z = \pi D : t$ Kanälen am Umfang mit der Teilung t nach Abb. 3.

$$F = a \cdot \delta \cdot z = a\delta\pi D : t$$

oder mit

$$\delta = t \sin\alpha_1 - s = (t - s/\sin\alpha_1)\sin\alpha_1$$

$$a\frac{(t - s/\sin\alpha_1)\sin\alpha_1 c_1 \pi \cdot D}{t} = G_{sek} v_1 .$$

Nun ist $\frac{t - s/\sin\alpha_1}{t} = \tau$ der Verengungsfaktor, der für eine bestimmte Teilung, α_1 und s ein festliegender Wert ist. Setzt man noch $u/c_1 = \chi$, also $c_1 = \frac{u}{\chi} = \frac{\pi \cdot Dn}{60\chi}$, so wird

$$\frac{a\tau \cdot \pi^2 D^2 \sin\alpha_1 n}{\chi} = G_{sek} v_1$$

mit a und D in m. Wird a, weil bequemer, in mm eingesetzt, so wird

$$D = \sqrt{\frac{G_{sek}\, v_1 \cdot 60 \cdot 1000\, \chi}{a \cdot \tau \cdot \sin\alpha_1 \pi^2 \cdot n}}\ \text{m}. \tag{6}$$

Wird α_1, τ und χ angenommen, dann kann für die kleinste zulässige Kanalhöhe a der größte Durchmesser D ermittelt werden, wenn man zunächst D schätzt, danach u, c_1, c_0 und h_t bestimmt und damit aus dem Diagramm v_1; stimmt der angenommene Durchmesser mit dem ermittelten nicht überein, so muß mit neuer Annahme nochmals gerechnet werden. D kann natürlich kleiner gewählt werden, dann wird a größer. Es muß nun

3. die Aufteilung des Gefälles vorgenommen werden, d. h. das in jeder Stufe zu verarbeitende Wärmegefälle bestimmt werden, derart, daß zu jedem nun festliegenden Durchmesser bzw. zu der Umfangsgeschwindigkeit u die

Dampfgeschwindigkeit c_1 in jeder Stufe den besten Wirkungsgrad η_i ergibt. Die Summe der adiabatischen Teilgefälle ist wegen der rückgewinnbaren Wärme größer als das adiabatische Gesamtgefälle h_t:

$$h_t^{\mathrm{I}} + h_t^{\mathrm{II}} + h_t^{\mathrm{III}} + h_t^{\mathrm{IV}} + \cdots = \mu\, h_t,$$

mit $\mu = 1{,}03$ bis $1{,}08$.

Gleiches Gefälle in allen Stufen wird nur bei mehreren Druckstufen je mit Geschwindigkeitsstufen (Curtisturbine) und bei Gegendruckturbinen angenommen; bei Geschwindigkeits-Druckstufenturbinen wird natürlich das Gefälle der ersten Stufe größer sein; aber auch bei reiner Druckstufung wird das Gefälle der ersten Stufe größer als dasjenige der anderen angenommen, da diese als Regelstufe nicht voll beaufschlagt wird und trotz des kleineren Umfangswirkungsgrades der innere Wirkungsgrad, wegen der im Dampf von geringerer Dichte kleineren Radreibungsverluste, mindestens nicht ungünstiger wird; außerdem ist der Druck im Gehäuse niedriger, dasselbe wird leichter und die Verluste durch die Stopfbüchse geringer.

4. Die Berechnung der Stufen wird nun nach den angenommenen oder ermittelten Werten durchgeführt. Aus dem Gefälle der Stufe wird die Dampfgeschwindigkeit c_1 m/sek ermittelt (Teil I, Gl. (30) u. (38)):

(7) $$c_1 = \varphi c_0 = \varphi\, 91{,}5 \sqrt{h_t}$$

und aus dem Geschwindigkeitsplan (Abb. 13, S. 32) die Umfangsleistung h_u nach G. (4), S. 9, sowie der Umfangswirkungsgrad $\eta_u = h_u : h_t$. Der Verlust in der Schauflung (Düsen-, Schaufel- und Austrittsverlust) ist:

(8) $$h_t - h_u = (1 - \eta_u)\, h_t \text{ kcal/kg}.$$

Wird die Energie des aus der Schaufel tretenden Dampfes in der folgenden Stufe verwertet, was anzustreben ist, so ist der Verlust, der den Dampfzustand beeinflußt, um den Betrag der ausgenutzten Energie kleiner, d. h.

(8a) $$(1 - \eta_u)\, h_t - A c_2^2 : 2\, g \text{ kcal/kg}$$

und die Geschwindigkeit in der folgenden Stufe:

(9) $$c_1 = \varphi \sqrt{(2 g h_t : A) + c_2^2} \text{ m/s}.$$

Trägt man den Verlust in der Schauflung im *is*-Diagramm, Abb. 1, vom Endpunkt A_0 der adiabatischen Expansion nach oben auf (in der Abbildung sind die Verluste einzeln aufgetragen), so erhält man den Zustand des Dampfes nach Austritt aus der Schaufel, Punkt A_3, der zumeist für die Berechnung der Radreibungs- und Ventilationsverluste h_{rv} nach Gl. (5) zugrunde gelegt wird, obgleich in der Turbinenkammer durch die Reibungswärme eine etwas geringere Wichte herrschen wird. Durch Abtragen des Verlustes h_{rv} im *is*-Diagramm erhält man den Zustand Punkt A_4, der in der ersten Stufe auch der Endzustand ist.

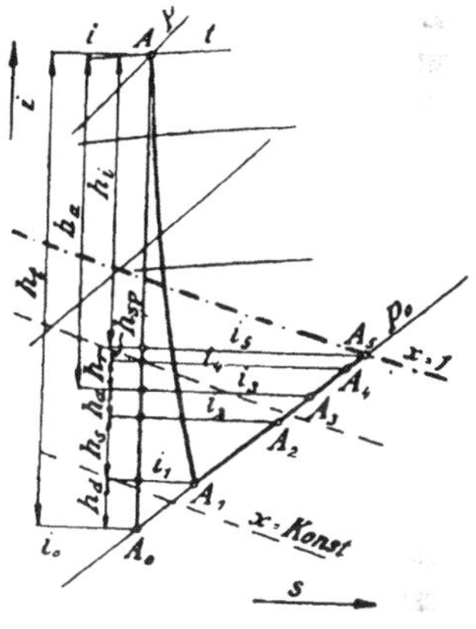

Abb. 1. Berechnung im *is*-Diagramm

Für die weiteren Stufen kommt noch der Lässigkeitsverlust h_{sp} hinzu:

(10) $$h_{sp} = h_t G_{sp} / G_{\text{sek}} \text{ kcal/kg},$$

worin G_{sp} die durch den Nabenspalt tretende Dampfmenge nach Teil I, S. 97, ist. Nun ist die innere Leistung

(11) $$h_i = h_u - h_r - h_{sp} \text{ kcal/kg}$$

und durch Abtragen von h_{sp} im *is*-Diagramm erhält man den Anfangszustand der folgenden Stufe in A_5.

Ist die Berechnung in gleicher Weise für alle Stufen durchgeführt, so erhält man den Zustand des Dampfes beim Austritt aus der Turbine, vgl. Abb. 20, S. 45. Die Differenz des Wärmeinhaltes i des eintretenden und i_e des austretenden Dampfes ist die innere Leistung der Turbine für 1 kg, sie muß gleich sein der Summe der h_i der einzelnen Stufen.

Die an die Welle abgegebene Leistung in PS bzw. kW ist dann bei G_{sek} kg sekundlicher Dampfmenge

(12) $N_i = 5{,}7\, h_i G_{\text{sek}}\, PS$, bzw. $= 4{,}19\, h_i G_{\text{sek}}$ kW

und zwar für jede Stufe, wenn h_i die Stufenleistung, und für die ganze Turbine, wenn h_i die innere Gesamtleistung.

Werden nun noch die mechanischen, die Stopfbüchsen- und die Abkühlungsverluste (Teil I, S. 93ff.), in kcal/kg umgerechnet, abgezogen (die den Dampfzustand nicht beeinflussen und nicht im is-Diagramm erscheinen), so erhält man die effektive (Nutz-)Leistung $h_e = AL_e$ kcal/kg und damit den effekt. Wirkungsgrad $\eta_e = h_e : h_t$, der mit dem angenommenen übereinstimmen muß. Dann ist der Dampfverbrauch D_e für die Nutz-Pferdestärke nach Gl. (2), S. 7, und die sekundliche Dampfmenge G_{sek} zu bestimmen; mit diesem genauen Wert sind die Abmessungen der Leitvorrichtungen und der Laufschaukeln zu berechnen.

5. Die Wärmebilanz hat den Zweck, einen Überblick über die einzelnen Wärmemengen zu geben. Die Summe aller Einzelverluste und der Leistungen muß gleich sein dem verfügbaren Gefälle h_t, wie auch aus dem is-Diagramm ersichtlich:

Düsenverlust	$h_d = A(c_0^2 - c_1^2) : 2g$	kcal/kg
Schaufelverlust	$h_s = A(w_1^2 - w_2^2) : 2g$	kcal/kg
Austrittsverlust	$h_a = Ac_2^2 : 2g$	kcal/kg
Radreib.-Verl.	$h_{rv} = AN_{rv}\, 75 : G_{\text{sek}}$	kcal/kg
Lässigk.-Verl.	$h_{sp} = G_{sp} h_t : G_{\text{sek}}$	kcal/kg
Summe d. Verl.	$= \cdots$ kcal/kg	
Σ (Verluste)	$+ h_i = h_t$.	

Bei mehrkränzigen Rädern — Geschwindigkeitsstufung — kommen noch die Verluste in den Umleit- und in den weiteren Schaufelkränzen hinzu.

In gleicher Weise kann auch die Bilanz für die ganze Turbine aufgestellt werden.

6. Die Berechnung der Leitvorrichtungen wird sich danach richten, ob die kritische Geschwindigkeit überschritten wird (Teil I, S. 43) oder nicht. Bei wesentlicher Überschreitung (im Heißdampfgebiet etwa ab $c_0 = 650$ m/s) derselben muß eine erweiterte Düse angewendet werden, im anderen Falle genügen parallelwandige Leitkanäle, in denen bei Überschreitung der kritischen Geschwindigkeit eine Ablenkung der Strahlrichtung im Schrägabschnitt erfolgt.

a) Düsen nach de Laval erhalten einen engsten Querschnitt, in welchem (s. Teil I, S. 43)

bei anfangs überhitztem Dampf	bei anfangs gesättigtem Dampf

der kritische Druck:

(13) $$\begin{cases} p_k = 0{,}5457\, p \\ p : p_k = 1{,}83 \end{cases} \qquad \begin{matrix} p_k = 0{,}5774\, p \\ p : p_k = 1{,}73, \end{matrix}$$

die kritische Geschwindigkeit:

(14) $$c_k = 333 \sqrt{pv} \text{ m/s} \quad \Big| \quad c_k = 323 \sqrt{pv} \text{ m/s},$$

die sekundliche Dampfmenge:

(15) $$G_{\text{sek}} = 209\, F_{\text{min}} \sqrt{p/v} \quad \Big| \quad G_{\text{sek}} = 199\, F_{\text{min}} \sqrt{p/v} \text{ kg/s},$$

oder der erforderliche Querschnitt:

(16) $$F_{\text{min}} = G_{\text{sek}} : 209 \sqrt{p/v} \quad \Big| \quad F_{\text{min}} = G_{\text{sek}} : 199 \sqrt{p/v} \text{ m}^2$$

mit p und p_k in kg/cm², F in m².

Obige Werte gelten zunächst für verlustlose Strömung, bei wirklicher Strömung müßten c_k und G_{sek} kleiner ausfallen, was durch Verminderung der konstanten Zahlen berücksichtigt werden könnte. Versuche haben aber mehrfach ergeben, daß die Gleichungen auch für die wirkliche Strömung gelten. Es sind bei gesättigtem Dampf sogar größere Durchflußmengen beobachtet worden, was Stodola dadurch erklärt, daß die Expansion nicht mit $pv^{1,135} = $ konst., sondern mit $pv^{1,3} = $ konst. erfolgte, also wie beim überhitzten Dampf; es tritt eine „Kondensationsverzögerung" ein.

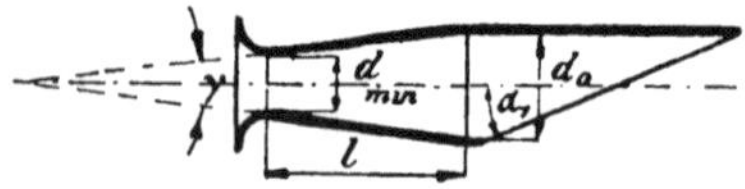

Abb. 2. Düsenform

Der Endquerschnitt F_1 der Düse kann aus der Kontinuitätsgleichung ermittelt werden:

$$F_1 = G_{\text{sek}} v_1 : c_1 \text{ m}^2, \tag{17}$$

wobei v_1 das Volumen am Düsenende ist und aus dem *is*-Diagramm im Punkt A_1 entnommen werden oder, falls die Volumenkurven nicht eingetragen sind, mit dem aus dem Diagramm entnommenen Dampfgehalt x bzw. der Temperatur bei überhitztem Dampf nach Gl. (1) bzw. (3), Teil I, S. 10, ermittelt werden kann.

Wegen der Nachteile zu starker Erweiterung (Teil I, S. 53) führt man den Endquerschnitt etwas kleiner aus, d. h. der Enddruck wird höher genommen (etwa ½ bis 2 at) als der Stufendruck. Es tritt dann auch hier wie beim parallelwandigen Leitkanal im Schrägabschnitt unter dem Düsenwinkel α_1 (Abb. 2) eine Strahlablenkung ein (s. S. 19 und Teil I, S. 54), die bei dem Schaufeleintrittswinkel beachtet werden kann, häufig jedoch vernachlässigbar klein ist und durch etwas größeren Schaufeleintrittswinkel β_1 berücksichtigt werden kann.

Der Gesamtquerschnitt $F_{\min}$ und F_1 wird aus mehreren Düsen gebildet, deren Zahl von der Größe der einzelnen Düsenquerschnitte, die nicht zu klein werden sollen, von der Beaufschlagung und von konstruktiven Rücksichten abhängig ist (s. Beispiel S. 39). Der Winkel γ der Erweiterung soll 10—15° nicht überschreiten und da nach S. 53, Teil I, die Länge $l = (d_0 - d_{\min}) : 2 \operatorname{tg} \gamma/2$ ist, so würde bei starkem Erweiterungsverhältnis die Düse sehr lang. Dem läßt sich durch kleinere Querschnitte, d. h. durch größere Anzahl Düsen teilweise abhelfen, doch ist eine Düse für sehr große Gefälle konstruktiv ungünstig. Aus demselben Grunde wird der Düsenwinkel α_1 selten unter 20° gewählt (s. S. 10); bei großen Düsenabmessungen und bei großem Erweiterungsverhältnis muß der Winkel α_1 größer genommen werden.

b) Leitkanäle ohne Erweiterung nach Zoelly müssen einen Gesamtquerschnitt

(18) $$F_1 = G_{\text{sek}} v_1 : c_1 \text{ m}^2$$

erhalten und werden durch beiderseitig eingegossene Blechschaufeln von unveränderter Stärke s gebildet (Abb. 3) oder durch aus dem Vollen gefräste Schaufeln (S. 61), haben demnach rechteckigen Querschnitt. Da nun aber in allen Stufen, außer der ersten, ein Teil der gesamten Dampfmenge G_{sek} durch den Nabenspalt hindurchströmt — Spalt- oder Nabenverlust G_{sp} (s. Teil I, S. 94) —, so muß der ausgeführte Gesamtquerschnitt F um den Betrag des wirksamen Spaltquerschnittes φF_{sp} kleiner werden:

(19) $$F = F_1 - \varphi F_{sp} \text{ m}^2,$$

oder aber es muß in Gl. (18) die Dampfmenge

$$G'_{\text{sek}} = G_{\text{sek}} - G_{sp} \text{ kg/s}$$

eingesetzt werden.

Der Gesamtquerschnitt F wird in eine solche Anzahl z Kanäle geteilt, daß möglichst volle Beaufschlagung erreicht wird, um die Ventilationsverluste zu verringern, es darf jedoch die radiale Kanalhöhe a (Abb. 3) nicht zu klein werden, s. S. 10.

Der Querschnitt eines Kanals ist nach Abb. 3

(20) $$f = a\delta = F : z\ \mathrm{m}^2 = 10000\ F : z\ \mathrm{cm}^2,$$

wobei

$$\delta = t \sin\alpha_1 - s,$$

wenn t die Teilung und s die Schaufelstärke, meist 2 mm, bei

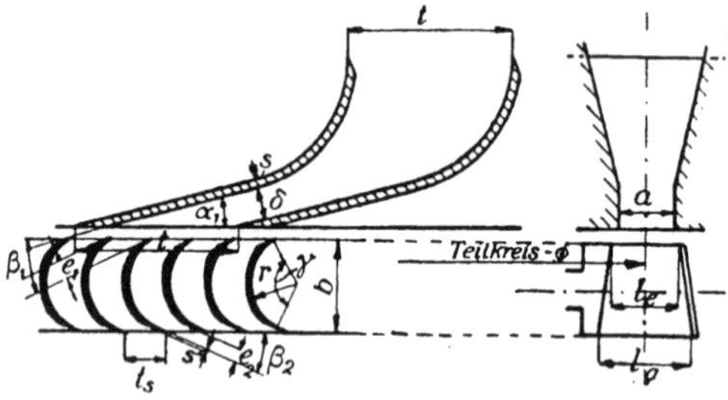

Abb. 3. Ermittlung der Abmessungen

gefrästen Schaufeln bis 1 mm hinunter. Damit wird die radiale Kanalhöhe

(21) $$a = F : (z \cdot \delta) = f : \delta\ \mathrm{cm},$$

wenn F und f in cm^2 eingesetzt sind.

Der Leitschaufelwinkel α_1 wird meist zu 14° angenommen, nötigenfalls in den letzten Stufen größer, etwa 16°, 18°, 20°, um zu lange Schaufeln und zu schnelle Zunahme der Höhe a in den aufeinanderfolgenden Stufen zu vermeiden. Kleinere Winkel als 14° werden wegen der starken Strahlumlenkung in der Laufschaufel nur ausnahmsweise angewendet und nur bei Strahlablenkung (s. u.).

Die Teilung t kann zu 40—50 mm bei eingegossenen und zu 20—35 mm bei gefrästen Schaufeln angenommen werden und ist so zu wählen, daß sich am Umfang eine gerade Anzahl Teile $\pi D : t$ ergeben, wenn D der Teilkreisdurchmesser.

Auch bei nicht zu starker Überschreitung des kritischen Druckverhältnisses werden, wie schon vorher kurz erwähnt, nicht erweiterte Kanäle angewendet. Es wird sich dann im Kanalquerschnitt CD (Abb. 4) die kritische Geschwindigkeit und der kritische Druck einstellen und alsdann im Schrägabschnitt, d. h. im ΔCDE die weitere Expansion bis auf den Enddruck erfolgen, wodurch der Strahl eine Ablenkung erfährt (s. auch Abb. 16, Teil I). Die Richtung des austretenden Strahles ist aber für den Schaufeleintrittswinkel β_1 maßgebend und muß deshalb ermittelt werden. Dieses kann durch Bestimmung des Machschen Winkels geschehen[1]), oder in einfacherer Weise und mit genügender Annäherung auf Grund der Kontinuitätsgleichung[2]) aus folgender Überlegung:

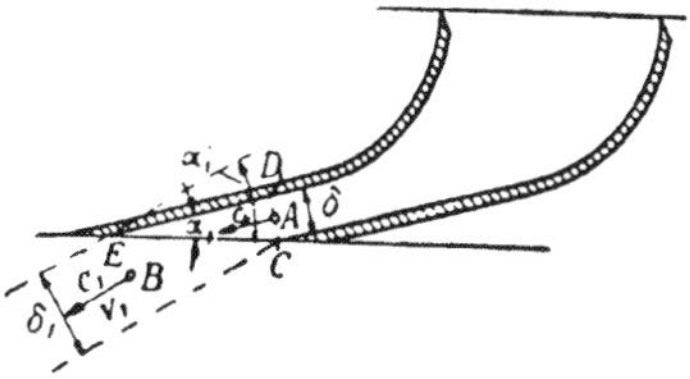

Abb. 4. Strahlablenkung

Es sei f der Querschnitt im Punkte A (Abb. 4) f' in B, dann ist, wenn v_k bzw. v_1 die Volumina, c_k bzw. c_1 die Geschwindigkeit in A bzw. in B,

$$G_{\text{sek}} = f c_k : v_k = f' c_1 : v_1,$$

wobei

$$f = \delta a \quad \text{und} \quad f' = \delta_1 a,$$

und damit

$$\delta c_k : v_k = \delta_1 c_1 : v_1 \quad \text{oder} \quad \delta : \delta_1 = (v_k c_1) : v_1 c_k,$$

und da

$$\overline{DE} = \delta : \sin \alpha_1 = \delta_1 : \sin \alpha_1',$$

[1]) Forsch.-Heft 62, Th. Meyer, Über zweidimensionale Bewegungsvorgänge in einem Gas.

[2]) Z. d. V. D. I. 1916, S. 648, H. Baer.

so folgt:

(22) $$\sin \alpha_1 = \sin \alpha_1 \frac{v_1 c_k}{v_k c_1}$$

und die Strahlablenkung $\omega = \alpha_1' - \alpha_1$.

7. Laufschaufeln. Es müssen die Winkel β_1 und β_2, die Schaufelbreite b, die Teilung t_s und die radiale Schaufelhöhe l_e und l_a festgelegt bzw. ermittelt werden. Der Eintrittswinkel β_1 wird durch die Richtung der relativen Eintrittsgeschwindigkeit w_1 bedingt, die aus dem Geschwindigkeitsdreieck nach Wahl von u aus Größe und Richtung von c_1 ermittelt wird. Man macht den Schaufelwinkel β_1 etwas größer – etwa 2–4° – als den Winkel von w_1, um Stoß auf den Schaufelrücken sicher zu vermeiden (Teil I, S. 85). Der Austrittswinkel β_2 könnte beliebig gewählt werden, je kleiner er wird, um so besser wäre die Ausnutzung, doch würde dann, wegen der stärkeren Strahlumlenkung, der Geschwindigkeitskoeffizient ψ und damit w_2 kleiner; der Gewinn würde dadurch fast aufgehoben. Ferner aber würde wegen der geringeren Strahldicke e_2 (Abb. 3), die für den Durchgangsquerschnitt erforderliche Schaufelhöhe (Länge) l_a am Austritt zu groß (s. S. 23). Man wird deshalb den Winkel β_2 mit Rücksicht hierauf wählen; er ist meist 5 bis 8° kleiner als β_1, bei wiederholter Beaufschlagung gleich β_1. Bei Geschwindigkeitsstufen Winkel β_2 nach S. 10.

Die Schaufelbreite b ist durch Festigkeitsrücksichten bedingt. Größere Breite ergibt zwar einen längeren Dampfweg (Reibung), aber sanftere Krümmung. Man wählt die Breite so klein, als es die Biegungsfestigkeit zuläßt, also abhängig von der Länge, wendet aber neuerdings auch bei kleinen Längen breitere Schaufeln an. Die Schaufeln der de Laval-Turbine haben $b = 10$ mm; kleine und mehrkränzige Räder erhalten Schaufeln von 14 bis 20 mm Breite, reine Druckstufen bis 50 mm Schaufellänge $b = 20$ mm, über 50 bis 200 mm Länge $b = 25$ mm und über 200 mm $b = 30$ mm Breite und mehr. Die längsten bisher ausführten Schaufeln (665 mm bei $n = 3000$ U/min und 2 m Teilkreis-⌀) haben am Fuß 110 mm Breite, die, wie auch die Querschnittsfläche, zum Kopf hin abnimmt; auch die Ein- und Austrittswinkel ändern sich entsprechend den Umfangsgeschwindigkeiten.

Die Schaufeln können bei reinen Druckstufen (einkränzig) als Blechschaufeln von gleichbleibender Stärke im Querschnitt (Abb. 5) oder als Profilschaufeln mit Verdickung in der Mitte (Abb. 6), bei Geschwindigkeitsstufung wegen der erforderlichen Strahlführung nur als Profilschaufeln, ausgeführt werden. Profilschaufeln erhalten einen solchen Querschnitt, daß sie gleiche oder abnehmende Strahldicke ergeben;

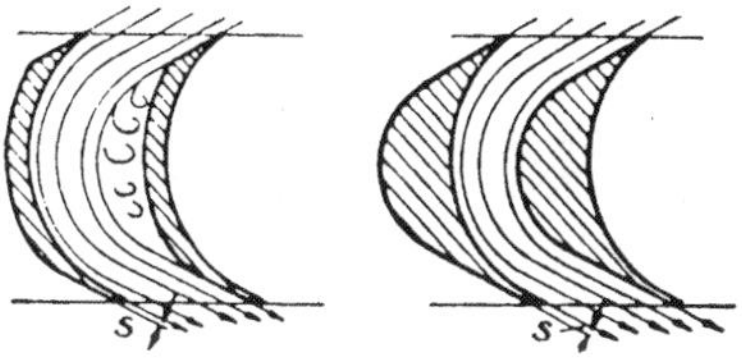

Abb. 5. Abb. 6.
Schaufelprofile

Schaufelprofile, die eine Verengung des Strahles in der Mitte ergeben (welche die Verdichtung in der Krümmung infolge der Fliehkraft berücksichtigen soll, Grenzschaufeln), haben größere Verluste und sind deswegen zu verwerfen.

Die Schaufelkante der Eintrittsseite wird neuerdings bei Dampfgeschwindigkeit weit unter der kritischen abgerundet mit einem Radius gleich etwa dem 1,0 bis 1,3fachen der Schaufelstärke am Austritt.

An der Austrittsseite erhalten die Blech- und Profilschaufeln ein Stück von gleichbleibender Stärke s, meist 0,5 mm, und sind auf etwa $^1/_{20}$ der Breite geradlinig wegen guter Strahlführung (Abb. 5 u. 6).

Die Schaufelteilung t_s, im Teilkreis gemessen, wird mit Rücksicht auf die günstigste Strahldicke e gewählt, die nach Versuchen von Briling (Teil I, S. 86) gleich dem halben Krümmungsradius r sein soll:

$$e = 0{,}5\,r.$$

Mit $e = t_s \sin\beta_1$ folgt dann nach Abb. 3

(23) $$t_s = \frac{e}{\sin\beta_1} = \frac{r}{2\sin\beta_1}.$$

Daraus ergibt sich die Schaufelzahl

$$z_s = \pi D : t_s,$$

mit geringer Änderung von t_s, damit z_s eine ganze Zahl wird.

Die Schaufelhöhe l_e am Eintritt könnte gleich der Leitkanalhöhe a werden, da wegen der zugeschärften Laufschaufelkante keine Verengung eintritt; jedoch wird wegen der Streuung des Strahles in radialer Richtung, wegen kleiner Ungenauigkeiten in der Ausführung und etwas verschiedener Wärmedehnung der Leit- und Laufräder, die Schaufelhöhe l_e an jedem Ende $^1/_2$ bis 1 mm (bei großen Schaufellängen mehr) größer ausgeführt als die Leitkanalhöhe a:

(24) $$l_e = a + 1 \text{ bis } 2 \text{ mm}.$$

Die Schaufelaustrittshöhe l_a ergibt sich aus der Kontinuitätsgleichung und Abb. 3, wonach

$$G_{\text{sek}} = \frac{F_1 c_1}{v_1} = \frac{F_2 w_2}{v_2} \text{ oder mit } F_1 = \delta a z$$

und $F_2 = e_2 l_a z_s$, wenn z bzw. z_s die Zahl der Leitkanäle bzw. der beaufschlagten Laufschaufeln

$$\frac{\delta a z c_1}{v_1} = \frac{z_s e_2 l_a w_2}{v_2}, \text{ woraus } l_a = a\frac{z\,\delta c_1}{z_s e_2 w_2}\,\frac{v_2}{v_1}.$$

Nun ist aber $zt = z_s t_s$ der beaufschlagte Bogen, oder $z/z_s = t_s/t$, ferner $\delta = t\sin\alpha_1 - s = (t - s/\sin\alpha_1)\sin\alpha_1$ und $e_2 = t_s \sin\beta_2 - s_s = (t_s - s_s/\sin\beta_2)\sin\beta_2$, womit

$$l_a = a\frac{t_s(t - s/\sin\alpha_1)}{t(t_s - s_s/\sin\beta_2)}\,\frac{c_1\sin\alpha_1}{w_2\sin\beta_2}\cdot\frac{v_2}{v_1}.$$

Da $(t - s/\sin\alpha_1) : t = \tau$ der Verengungsfaktor der Leitschaufeln (s. S. 11), $(t_s - s_s/\sin\beta_2) : t_s = \tau_s$ derjenige der Laufschaufeln und $c_1 \sin\alpha_1 = c_{1a}$, $w_2 \sin\beta_2 = c_{2a}$ (Abb. 13) die axialen Komponenten von c_1 und w_2 aus dem Geschwindigkeitsplan, so ist

$$l_a = a \frac{\tau}{\tau_s} \frac{c_{1a}}{c_{2a}} \cdot \frac{v_2}{v_1}. \tag{25}$$

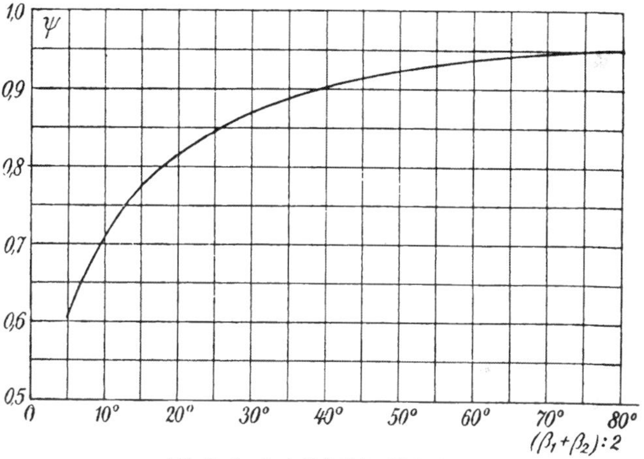

Abb. 7. Geschwindigkeitskoeffizient ψ

Die Volumenänderung wird, weil bei reiner Gleichdruckbeschauflung praktisch unbedeutend, meist vernachlässigt. Der Verengungsfaktor ist für ein bestimmtes Schaufelprofil ein unveränderlicher Wert, da die Teilung kaum geändert wird, kann also für jedes Profil ein für allemal ermittelt werden.

Aus Gl. (25) ist der Einfluß des Winkels β_2 ersichtlich; bei β_2 kleiner als β_1 kann das Verhältnis $c_{1a} : c_{2a}$ und damit l_a und die radiale Erweiterung ungünstig groß werden. Man nimmt deswegen β_2 so an, daß im Geschwindigkeitsplan c_{2a} nicht viel kleiner wird als c_{1a}.

Der Geschwindigkeitskoeffizient ψ ist im wesentlichen von dem Umlenkungswinkel $\gamma = 180 - (\beta_1 + \beta_2)$ (Abb. 3) abhängig (Teil I, S. 87) und kann aus Abb. 7 in Abhängigkeit von $(\beta_1 + \beta_2) : 2$ entnommen werden.

III. Überdruckturbinen

1. Die Laufschaufeln sitzen auf einer Trommel, deren Durchmesser in 2 bis 4 Absätzen für je eine Gruppe von Stufen oder allmählich zunimmt.

Bei der Berechnung der Überdruckturbinen kann man nicht wie bei den Gleichdruckturbinen den Durchmesser und die Stufenzahl annehmen, sondern es muß der Durchmesser mit Rücksicht auf die volle Beaufschlagung bestimmt werden.

Der Durchmesser der Trommelabsätze wäre an sich möglichst groß zu wählen, um die für die Dampfausnutzung günstige große Umfangsgeschwindigkeit u zu erhalten, doch würde dann die Schaufellänge, besonders bei kleinen Leistungen, zu klein im Verhältnis zum radialen Spalt. Man ermittelt nun den Durchmesser so, daß die kleinste Schaufellänge nicht unter 20 bis 25 mm beträgt; dazu kann Gl. (6), S. 11 dienen, wenn statt a, die Schaufellänge l in m eingesetzt wird.

(26) $$D = \sqrt{\frac{G_{\text{sek}}\, v_1 \cdot 60\, \chi}{l \tau \pi^2 n \sin \alpha_1}} \text{ m.}$$

Die Ermittlung kann nach vorläufiger Schätzung von D wie S. 11 angegeben erfolgen. Der größte Durchmesser (letzte Stufe) ist hingegen mit Rücksicht auf die größte zulässige Schaufellänge, die $^1/_7$ bis $^1/_5$ des Durchmessers betragen darf, zu bestimmen, also $\vartheta = D/l = 5$ bis 7. Setzt man in Gl. (26) $l = D/\vartheta$, so ist der größte Durchmesser mindestens

$$(27)\qquad D = \sqrt[3]{\frac{60\,G_{\text{sek}}\,v_1\,\vartheta\,\chi}{\tau\pi^2\,n\,\sin\alpha_1}}\ \text{m}.$$

Das Volumen v_1 ist aus dem *is*-Diagramm zu entnehmen, wobei der Zustandsverlauf zunächst schätzungsweise mit angenommenem Wirkungsgrad $\eta_i = \eta_e/\eta_m$ eingezeichnet wird (vgl. Abb. 8). $\chi = u/c_1$ wird praktisch zu 0,65 ÷ 0,9, selten darüber, angenommen.

Der Verengungsfaktor τ (vgl. S. 11) ist je nach Teilung $\tau = 0{,}85 \div 0{,}95$.

Der Schaufelaustrittswinkel $\alpha_1 = \beta_2$ ist in den ersten Stufen 20 bis 25°, wachsend bis zu $\alpha_1 = 40$ bis 50° in den letzten Stufen bei Vakuum. Leit- und Laufschaufeln werden bis auf die letzten Stufen gleich ausgeführt, also halber Reaktionsgrad. Die Schaufelbreite b wird je nach der Länge im Hochdruckteil mindestens 10 mm, im Niederdruckteil 15 mm und darüber und die Schaufelteilung 6 bzw. 10 bis 16 mm genommen; sie kann nach Gl. (23) ermittelt werden. Der Geschwindigkeitskoeffizient $\varphi = \psi$ ist aus Abb. 7 zu entnehmen.

Der radiale Spalt zwischen Laufschaufel und Gehäuse sowie zwischen Leitschaufel und Trommel wird bei den kleinsten Schaufeln mindestens 0,5 mm (bei zugeschärften Kämmen am Deckring) betragen und steigt bis auf höchstens 5 mm bei den längsten Schaufeln.

Der axiale Spalt zwischen Leit- und Laufschaufel muß wenigstens zu 2 mm angenommen werden, bei großen Aggregaten mehr.

Der Spaltverlust kann nach Teil I, S. 95 bestimmt werden, es wird jedoch meist mit einem Koeffizienten ξ_{sp} gerechnet, der erfahrungsgemäß im Hochdruckteil

$$\xi_{sp} = 0{,}08 \text{ bis } 0{,}12$$

und $\xi_{sp} = 0{,}03$ bis $0{,}06$

im Niederdruckteil beträgt, steigend mit abnehmender Leistung, so daß der Spaltverlust

(28) $h_{sp} = \xi_{sp} h_t$ kcal/kg ist.

2. Die Aufteilung des Gefälles und die Berechnung der einzelnen Stufen kann nun in verschiedener Weise vorgenommen werden, da entweder Gruppen gleicher Schaufellänge mit a) $u/c_1 =$ konst. oder b) u/c_1 veränderlich, oder aber zunehmende Schaufellängen mit einigen größeren Absätzen im Trommeldurchmesser oder aber c) mit allmählich zunehmendem u (also auch D) ausgeführt werden können. Es gibt verschiedene vereinfachende Rechnungsmethoden[1]), auch zeichnerische, welche die langwierige Berechnung erleichtern.

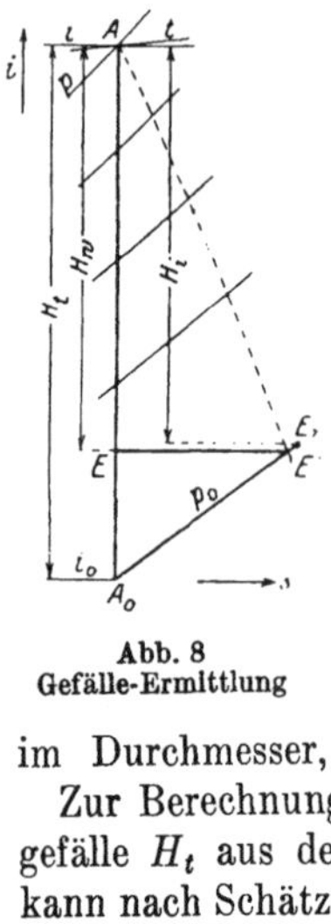

Abb. 8
Gefälle-Ermittlung

In neuerer Zeit bevorzugt man die allmähliche Zunahme der Durchmesser, wodurch keine Verluste an den Trommelabsätzen entstehen und macht nur im Niederdruckteil einen größeren Absatz im Durchmesser, wegen sonst zu großer Schaufellänge. Zur Berechnung wird zunächst das adiabatische Gesamtgefälle H_t aus dem is-Diagramm ermittelt, Abb. 8; dann kann nach Schätzung des Wirkungsgrades η_e (s. Teil I, S. 118) der Dampfverbrauch bestimmt und mit $\eta_i = \eta_e : \eta_m$ der Endzustand im is-Diagramm und der ungefähre Zustandsverlauf eingetragen werden, womit das innere Gefälle H_i und nach Hinzufügen des geschätzten Austrittsverlustes der

[1]) Zerkowitz, G.: Thermodynamik der Turbomaschinen. Henne, E.: Beitrag zur Berechnung der Dampfturbinen auf zeichn. Grundlage, F.—A. Heft 260. Oppitz, A.: Zeichnerische Berechnung der Dampfturbinen. Arch. f. Wärmewirtsch. 1925, Nr. 10.

letzten Stufe das „wirksame“ Gefälle $H_w = H_t + A c_2 : 2g$ festgelegt ist. Nun werden zweckmäßig über H_w als Abszisse die Volumina aus der angenommenen Zustandskurve als Ordinaten aufgetragen (Abb. 9); danach kann die Gefällsaufteilung nach einer der oben erwähnten Arten unter a) bis c) vorgenommen werden; es sei die unter c) angenommen. Dann wird der größte Durchmesser der ersten Stufe für die kleinstzulässige Schaufellänge nach Gl. (26) und der kleinste

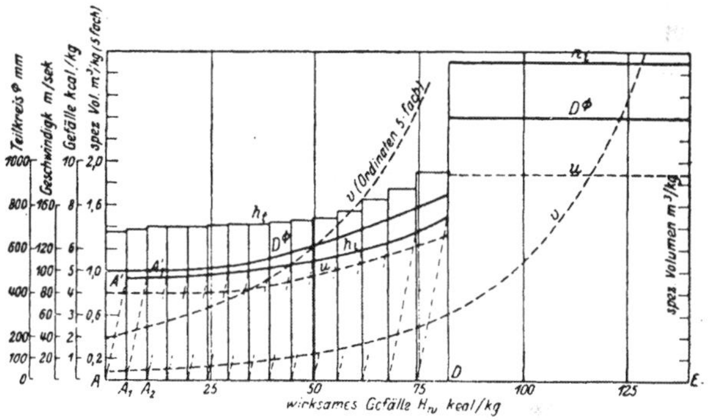

Abb. 9. Aufteilung des Gefälles

Durchmesser der letzten Stufe für die größte zulässige Schaufellänge nach Gl. (27) ermittelt nach Annahme von ϑ und $\chi = u/c_1$. Ist der Durchmesser der letzten Stufe größer als das 1,8 bis 1,7fache des Durchmessers der 1. Stufe, so kommt man ohne plötzliche Zunahme des Durchmessers nicht aus.

Nun zeichnet man einen angenommenen Verlauf der Durchmesser (anfangs wenig oder gar nicht steigend, dann stärker) und die daraus ermittelten u m/s, damit $c_1 = u/\chi$, c_0 und h_t und endlich $h_i = A(2c_1 \cos\alpha_1 - u)\, u/g$ für den ersten und einige andere Durchmesser und trägt die h_i-Werte in einem wesentlich größeren Maßstab als die H_w über letzteren auf (Abb. 9). Die Aufteilung des Gefälles kann nun dadurch erfolgen, daß man das ermittelte Gefälle der 1. Stufe auf der Abszisse abträgt (AA_1), die Gerade AA' zieht, dann von A_1 die Parallele $A_1A'_1$ zu AA' zieht bis zum Schnitt mit der h_i-Kurve, wodurch man h_i für die 2. Stufe als Strecke A_1A_2 erhält usf., bis die letzte Parallele in den Endpunkt A führt. Ist dieses nicht der Fall, so muß der Verlauf von h_i etwas geändert werden. Damit ist das Gefälle aufgeteilt und die Stufenzahl ermittelt; diese Aufteilung wird in das is-Diagramm auf der Senkrechten AE (Abb. 8) eingetragen, wodurch man die Endpunkte der Stufen auf der angenommenen Zustandskurve, die Drücke und zwischen diesen die adiabatischen Stufengefälle h_t erhält.

Jetzt kann die Durchrechnung der einzelnen Stufen vorgenommen werden, durch Ermittlung von c_1 aus h_t, aufzeichnen der Geschwindigkeitspläne, woraus sich h_u und $h_i = h_u - h_{sp}$ ergibt nach Bestimmung des Undichtheits-(Spalt-) Verlustes $h_{sp} = \zeta_{sp} h_t$, mit ζ_{sp} nach S. 95.

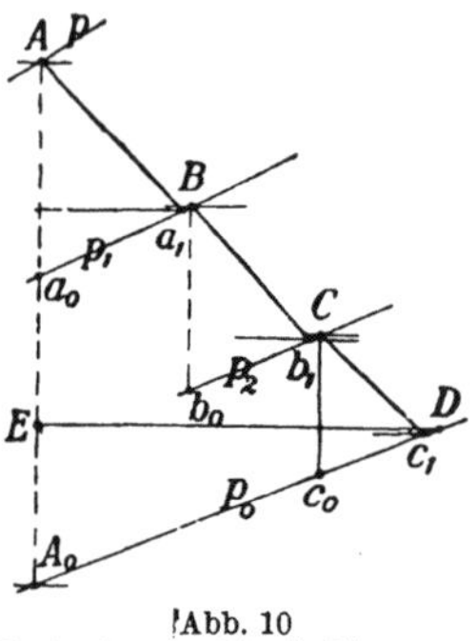

Abb. 10
Zustandsverlauf im is-Diagramm

Muß der Durchmesser für die letzten Stufen größer angenommen werden, so kann mit dem neuen Durchmesser die Berechnung in der gleichen Weise wie erläutert durchgeführt werden, nötigenfalls mit zunehmendem Gefälle und zunehmenden Winkeln, um zu große Schaufellängen zu vermeiden.

Bei absatzweiser Vergrößerung der Durchmesser (Trommelabsätze) hat durch die Vernichtung der Austrittsenergie, infolge des Trommelabsatzes, der Anfangszustand B (Abb. 10) der ersten Stufe der Gruppe II einen um $h_a = A c_2^2 : 2g$ kcal/kg höheren Wärmeinhalt. In gleicher Weise fortgefahren, erhält man endlich den Endzustand der letzten Gruppe in Punkt D und damit die innere Gesamtleistung $h_i = AE$ und $\eta_i = AE : AA_0$ der ganzen Turbine.

Die genaue Durchrechnung wird in das *is*-Diagramm eingetragen, woraus sich der wirkliche Zustandsverlauf ergibt, der meist nur unwesentlich vom angenommenen abweichen wird, wenn der errechnete Wirkungsgrad mit dem angenommenen übereinstimmt.

Nun können die Austrittsquerschnitte F für Leit- und Laufschaufel einer Stufe mit dem entsprechenden Volumen aus Abb. 9 ermittelt werden:

$$F = Gv : w_2 = Gv : c_1 \text{ m}^2,$$

worin G die durch die Schaufeln strömende sekundliche Dampfmenge, welche um die durch den Spalt gehende Menge G_{sp} (s. Teil I, S. 95) kleiner ist, als die gesamte sekundliche Dampfmenge G_{sek}. Letztere ist aus der gegebenen Leistung N_e und dem nach dem effektiven Wirkungsgrad η_e ermittelten Dampfverbrauch D_e nach Gl. (2) und (3) zu bestimmen.

Man berücksichtigt aber nur einen Teil des Spaltverlustes G_{sp}, und zwar etwa $0{,}8\,G_{sp} = 0{,}8\,\xi_{sp} G_{\text{sek}}$ in der ersten, abnehmend bis auf etwa $0{,}4\,\zeta_{sp} G_{\text{sek}}$ in der letzten Stufe mit ζ_{sp} nach S. 26, so daß

$$(28\text{a}) \qquad \begin{cases} G = G_{\text{sek}} - 0{,}8\,\zeta_{sp} G_{\text{sek}} \\ \quad = (1 - 0{,}8\,\zeta_{sp}) G_{\text{sek}} \text{ bis } (1 - 0{,}4\,\zeta_{sp})\, G_{\text{sek}}. \end{cases}$$

Aus dem erforderlichen Querschnitt F kann die Schaufellänge l ermittelt werden, die für Leit- und Laufschaufel gleich ist. Es ist nach Abb. 11

$$F = Gv : w_2 = e_2 l \pi D : t_s.$$

Mit

$$e_2 = t_s \sin\beta_2 - s = (t_s - s/\sin\beta_2)\cdot\sin\beta_2 \quad \text{und} \quad w_2 \sin\beta_2 = c_a$$

folgt

$$(29) \qquad l = \frac{Gvt_s}{w_2 e_2 \pi D} = \frac{Gvt_s}{w_2 \sin\beta_2 (t_s - s/\sin\beta_2)\pi D} = \frac{G}{\pi D \tau} \cdot \frac{v}{c_a},$$

wenn c_a die axiale Komponente von

$$w_2 = c_1; \qquad \tau_s = (t_s - s/\sin\beta_2) : t_s$$

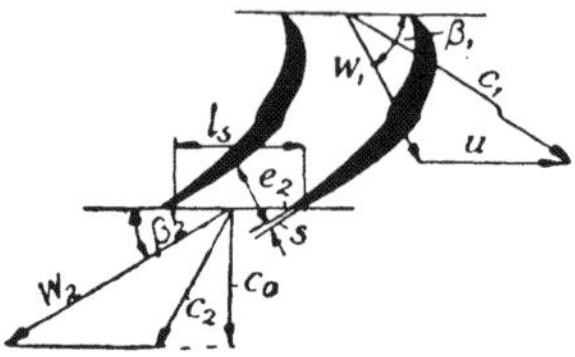

Abb. 11. Schaufelberechnung

ist der Verengungsfaktor.

Die Berechnung der kombinierten Gleichdruck-Überdruck-Turbine erfolgt im Hochdruckteil wie bei den reinen Gleichdruckturbinen, im Niederdruckteil wie bei den reinen Überdruckturbinen.

Nach erfolgter Durchrechnung kann die Qualitätsziffer (Parsonssche Kennzahl, s. Teil I, S. 118) ermittelt werden,

(30) $$X = \frac{\Sigma(u^2)}{\mu H_t},$$

um einen Vergleichswert mit anderen Ausführungen zu haben.

IV. Berechnungsbeispiele

1. Einstufige Turbinen

a) Es sei eine einstufige Gleichdruckturbine (de Laval) zu berechnen für eine Nutzleistung von $N_e = 25$ PS$_e$ bei $n = 20000$ Uml/Min., die durch Vorgelege auf 4000 an der Kupplung herabgesetzt wird, für Auspuffbetrieb, mit Frischdampf von 10 at. Überdruck trocken gesättigt vor dem Einlaßventil.

Der Enddruck der Expansion sei wegen der Widerstände im Abdampfrohr $p_0 = 1{,}1$ ata angenommen; wegen der Drosselreglung, die auch bei Vollast einen Spielraum nach oben haben muß, werde der Dampfdruck vor den Düsen, also nach dem Regelventil auf 10 ata gedrosselt ($i =$ konst.) angenommen. Dadurch ist der Anfangszustand A im is-Diagramm (Abb. 12) festgelegt und aus demselben ergibt sich das verfügbare Gefälle zu $h_t = i - i_0 = 665{,}5 - 575{,}5$

$= 90$ kcal/kg; damit ist

$$c_0 = 91{,}5\sqrt{h_t} = 91{,}5\sqrt{90} = 868 \text{ m/s}$$

und mit $\varphi = 0{,}94$

$$c_1 = \varphi c_0 = 0{,}94 \cdot 868 = 815 \text{ m/s}.$$

Nun wäre für die Umfangsleistung das günstigste Verhältnis $u/c_1 = \cos\alpha_1 : 2$, also für den meist üblichen Wert $\alpha_1 = 20^0$

$$u/c_1 = \cos 20^0 : 2 = 0{,}9397 : 2 = 0{,}4698,$$

somit

$$u = 0{,}4698 \cdot 815 = 381 \text{ m/s},$$

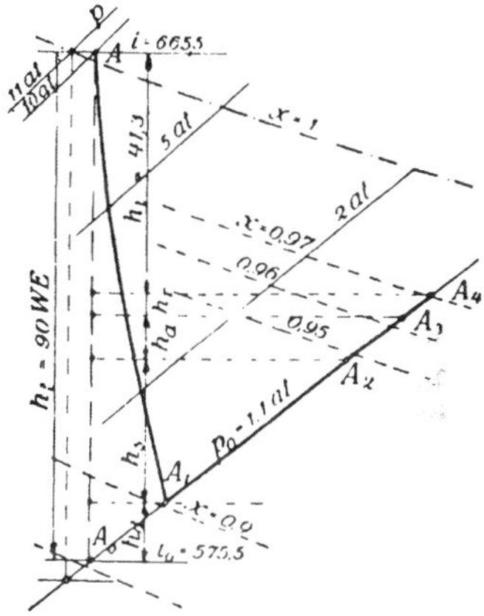

Abb. 12. Einstufige Gleichdruckturbine

was nicht zulässig, aber wegen der Radreibungsarbeit auch für die innere Leistung ungünstig wäre. Um den praktisch günstigsten Wert von u/c_1 bzw. von u oder des Durchmessers D zu finden, werde die Umfangsleistung aus dem Geschwindigkeitsplan, die Radreibungsarbeit und die innere Leistung für einige Werte von u/c_1 ermittelt, unter der Annahme $\beta_1 = \beta_2$ (im Geschwindigkeitsplan ist β_1 etwas größer als der Winkel von w_1, s. S. 20), $\psi = 0{,}68$ (wegen der großen Verluste bei kleiner Beaufschlagung; der Stoßverlust – s. Teil I, S. 85 – ist im Wert von ψ enthalten und deswegen im Geschwindigkeitsplan nicht mehr berücksichtigt); ferner sei der effektive Wirkungsgrad zu

$\eta_e = 0,37$ geschätzt, mithin der effektive Dampfverbrauch nach Gl. (2), S. 7

$$D_e = \frac{623}{h_t \eta_e} = \frac{632}{90 \cdot 0,37} = 19 \text{ kg/PS}_e\text{/h}$$

und die sekundliche Dampfmenge

$$G_{\text{sek}} = 25 \cdot 19 : 3600 = 0,132 \text{ kg/s.}$$

Z. B. ist für $u/c_1 = 0,3$

$$u = 245 \text{ m/s}$$

und

$$D = 60 u : (\pi n) = 60 \cdot 245 : \pi \cdot 20000 = 0,234 \text{ m}$$

und damit aus dem Geschwindigkeitsplan (Abb. 13) (wegen $\beta_1 = \beta_2$ Austrittsdreieck herumgeklappt)

$$h_u = \frac{u}{g} \cdot \frac{(w_{1u} + w_{2u})}{427} = \frac{240\,(508 + 347)}{9,81 \cdot 427} = 50 \text{ kcal/kg.}$$

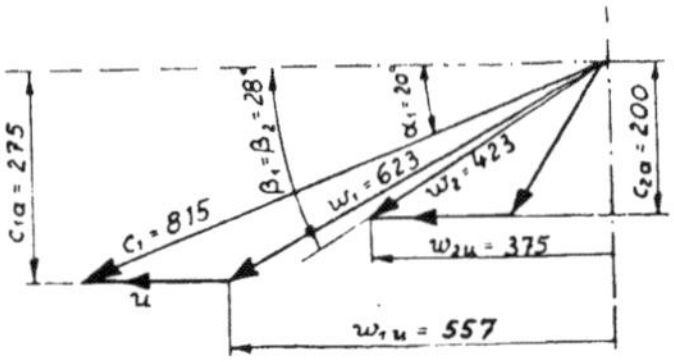

Abb. 13. Geschwindigkeitsplan

Es werde $\alpha = 1,3$ angenommen, $\varepsilon = 0,1$ und $l = 1,6$ cm geschätzt, γ ist mit $x = 0,94$ (aus dem is-Diagramm) und $v'' = 1,575$ zu ermitteln, also

$v = 0,94 \cdot 1,575 = 1,48;$
$\gamma = 1 : 1,48 = 0,676,$

somit die Radreibungsarbeit nach Gl. (55), Teil I

$$N_r = \alpha (1,46 D^2 + 0,83\,(1 - \varepsilon) D l^{1,5}) u^3 \gamma : 10^6,$$

$$N_{rv} = 1,3\,(1,46 \cdot 0,234^2 + 0,83 \cdot 0,9 \cdot 0,234 \cdot 1,6^{1,5})\, 245^3 \cdot 0,676 : 10^6 = 6,5 \text{ PS.}$$

Dann ist

$$h_{rv} = \frac{N_{rv}}{5,7\, G_{\text{sek}}} = \frac{6,5}{5,7 \cdot 0,132} = 8,64 \text{ kcal/kg}$$

und $\quad h_i = h_u - h_{rv} - 50 - 8{,}64 = 41{,}36$ kcal/kg;
$\quad \eta_i = 41{,}36 : 90 = 0{,}459.$

Folgende Zahlentafel zeigt die Werte für die verschiedenen u/c_1; zur besseren Übersicht können die Werte über

$u/c_1 =$	0,225	0,250	0,275	0,300	0,325	
$u =$	183,5	204	224	245	265	m/s
$D =$	0,175	0,195	0,214	0,234	0,253	m
$h_u =$	42,35	45,3	48,15	50,0	52,45	kcal/kg
$\eta_u =$	0,47	0,503	0,535	0,555	0,582	
$N_{rv} =$	1,95	3,04	4,44	6,50	8,76	PS
$h_r =$	2,58	4,03	5,90	8,64	11,65	kcal/kg
$h_i =$	39,77	41,30	42,25	41,36	40,80	kcal/kg
$\eta_i =$	0,442	0,459	0,469	0,459	0,453	kcal/kg

u/c_1 bzw. über den Durchmessern D graphisch aufgetragen werden (Abb. 14), woraus zu ersehen ist, daß der günstigste Durchmesser etwa $D = 225$ mm ist. Da aber die Ausnutzung bei etwas kleinerem D nur unbedeutend schlechter und die Radreibung nicht ganz genau bestimmbar ist, sei für die Ausführung etwa $u/c_1 = 0{,}25$ mit $D = 195$ mm gewählt. Nun können hierfür die Verluste ins *is*-Diagramm eingetragen werden.

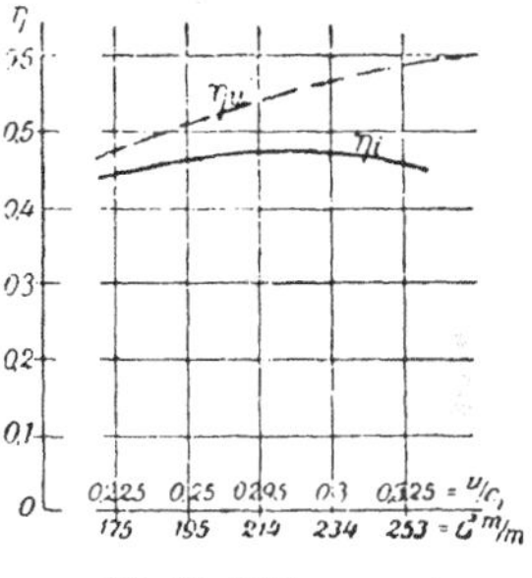

Abb. 14. Wirkungsgrade

Der Düsenverlust

$$h_d = A\,(c_0^2 - c_1^2) : 2g = (868^2 - 815^2) : 427 \cdot 2 \cdot 9{,}81$$
$$= 10{,}65 \text{ kcal/kg},$$

von A_0 nach oben abgetragen, gibt in A_1 den Zustand beim Austritt aus der Düse; der Schaufelverlust

$$h_s = A(w_1^2 - w_2^2) : 2g = (623^2 - 423^2) : 8377 = 24{,}94 \text{ kcal/kg}$$

ergibt den Zustand am Schaufelaustritt in A_2 und der Austrittsverlust

$$h_a = A c_2^2 : 2g = 265^2 : 8377 = 7{,}89 \text{ kcal/kg}$$

den Zustand A_3 nach Rückverwandlung der Austrittsgeschwindigkeit in Wärme; A_3 wird für die Radreibung zugrunde gelegt, und da in A_3 $x = 0{,}963$, so ist $v = xv''$ $= 0{,}963 \cdot 1{,}575 = 1{,}51$ (v'' aus den Dampftabellen), was mit der Annahme genügend übereinstimmt. Nach dem Eintragen des Radreibungsverlustes im is-Diagramm erhält man den Endzustand A_4.

Schätzt man den mechanischen Wirkungsgrad mit Rücksicht auf das Vorgelege zu $\eta_m = 0{,}85$ und die Strahlungs- und Abkühlungsverluste zu etwa 4 v.H., zusammen also $\eta_m' = 0{,}81$, so würde der effektive Wirkungsgrad

$$\eta_e = \eta_i \cdot \eta_m' = 0{,}459 \cdot 0{,}81 = 0{,}37,$$

stimmt also mit der Annahme überein, demnach auch die zugrunde gelegte Dampfmenge.

Düsen. Da das kritische Druckverhältnis überschritten wird ($p_k = 0{,}5774\, p = 5{,}774$ at), muß eine erweiterte Düse angewendet werden. Der engste Querschnitt ist (Gl. (16), S. 15)

$$F_{\min} = G_{\text{sek}} : 199 \sqrt{p/v} = 0{,}132 : 199 \sqrt{10 : 0{,}198}$$
$$= 0{,}0000932 \text{ m}^2 = 93{,}2 \text{ mm}^2$$

und der Endquerschnitt mit $x_1 = 0{,}901$ in Punkt A_1, also $v_1 = 0{,}901 \cdot 1{,}575 = 1{,}42$ m³/kg

$$F_1 = G_{\text{sek}} v_1 : c_1 = 0{,}132 \cdot 1{,}42 : 815$$
$$= 0{,}00023 \text{ m}^2 = 230 \text{ mm}^2.$$

Bei Drosselreglung würden 4 Düsen ausgeführt werden, deren engster Durchmesser aus

$$\pi d_{\min}^2 : 4 = F_{\min} : 4 \qquad d_{\min} = 5{,}39 \text{ mm}$$

und deren Endquerschnitt rechteckig ausgeführt

$$F_1 : 4 = 57{,}5\ \text{mm}^2 \cong 7 \times 8\ \text{mm}$$

wird, also etwas Überdruck beim Austritt.

Ist Abschaltung bei Teilbelastung vorzusehen, so muß die für diese Belastungsstufen erforderliche Dampfmenge ermittelt werden, da der Verbrauch für die PS/h bei kleinerer Belastung zunimmt, s. Teil I, S. 124. Sollen z. B. Abschaltungen für 15 und 20 PS_e vorgesehen werden, so würde man für 15 PS_e etwa drei gleiche Düsen ausführen, für 20 PS_e eine weitere und dann für 25 PS_e noch eine kleinere fünfte; meist wird man aber der einfacheren Herstellung wegen die beiden letzten Düsen gleich machen.

Zur Berechnung sei nach Erfahrungswerten für Teillast bei so kleinen Leistungen (die Werte der Zahlentafel Teil I, S. 124 gelten für größere Einheiten) $\eta_e = 0{,}32$ bzw. $0{,}35$ geschätzt; dann wird für 15 PS:

$$D_e = 632 : 90 \cdot 0{,}32 = 22\ \text{kg/PS/h},$$

$$G_{\text{sek}} = 15 \cdot 22 : 3600 = 0{,}0916\ \text{kg/s},$$

$$F_{\min} = 93{,}2 \cdot 0{,}0916 : 0{,}132 = 64{,}6\ \text{mm}^2$$

und bei drei Düsen

$$d_{\min} = \sqrt{64{,}6 \cdot 4 : 3 \cdot \pi} = 5{,}24\ \text{mm Durchmesser},$$

$$F_1 = 230 \cdot 0{,}0196 : 0{,}132 = 159{,}6\ \text{mm}^2;$$

$$159{,}6 : 4 = 53{,}2 = 6 \times 8{,}85\ \text{mm}.$$

Für 20 PS:

$$D_e = 632 : (90 \cdot 0{,}35) = 20{,}1\ \text{kg/PS}_e\text{/h},$$

$$G_{\text{sek}} = 20 \cdot 20{,}1 : 3600 = 0{,}114\ \text{kg/s},$$

und da durch die drei Düsen 0,0916 kg gehen, so bleibt für die vierte 0,114—0,0916 = 0,0224 kg/s, so daß

$$F_{\min} = 93{,}2 \cdot 0{,}0224 : 0{,}132 = 15{,}84\ \text{mm}^2,$$

$$d_{\min} = \sqrt{15{,}84 \cdot 4 : \pi} = 4{,}5\ \text{mm Durchmesser},$$

$$F_1 = 230 \cdot 0{,}0224 : 0{,}132 = 39\ \text{mm}^2 = 6 \cdot 6{,}5\ \text{mm}$$

für 25 PS wird die letzte Düse für den noch erforderlichen Querschnitt bemessen:

$$F_{\min} = 93{,}2 - 64{,}6 - 15{,}84 = 12{,}76\ \text{mm}^2,$$

$$d_{\min} = \sqrt{12{,}76 \cdot 4 : \pi} = 4{,}03\ \text{mm Durchmesser},$$

$$F_1 = 230 - (159{,}6 + 39) = 31{,}4\ \text{mm}^2 = 6 \cdot 5{,}2\ \text{mm}.$$

Die Schaufeln sind nun für $\beta_1 = \beta_2 = 28^0$, wie es der Geschwindigkeitsplan ergibt, zu entwerfen (Abb. 15), wobei die Breite zu $b = 10$ mm angenommen sei; es wird der Krümmungsradius $r = 6$ mm und damit die Teilung nach Gl. (23), S. 22,

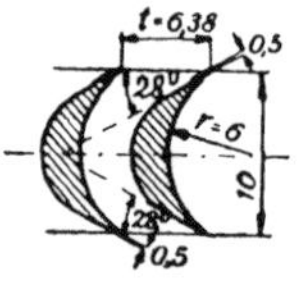

Abb. 15
Schaufelprofil

$$t_s = r : (2 \sin \beta_2) = 6 : (2 \cdot 0{,}4695) = 6{,}39 \text{ mm},$$

somit

$$\pi D : t_s = \pi\, 195 : 6{,}39 = 96 \text{ Schaufeln}$$

und die genaue Teilung

$$t_s = \pi D : 96 = 6{,}38 \text{ mm}.$$

Die Schaufellänge am Eintritt wird nach Gl. (24), S. 22

$$l_e = 8{,}23 + 1{,}27 = 9{,}5 \text{ mm};$$

am Austritt nach Gl. (25) und Abb. 13

$$l_a = a \cdot \frac{\tau}{\tau_s} \cdot \frac{c_{1a}}{c_{2a}} \cdot \frac{v_2}{v_1} \quad \text{und mit}$$

$\tau = 1$ (da Strahlverteilung bei so geringer Beaufschlagung nicht eintreten wird), $\tau_s = (6{,}38 - 0{,}5/0{,}4695) : 6{,}38 = 0{,}742$ und $v_2 : v_1 \sim 1$,

$$l_a = 8{,}23 \cdot \frac{1}{0{,}742} \cdot \frac{275}{200} = 13 \text{ mm}.$$

b) Eine Druckstufe mit Geschwindigkeitsstufung (Curtisrad).

Zu berechnen eine Gegendruckturbine von 100 PS_e bei $n = 3000$ Uml/Min. für $p = 12$ atü, 300^0 und $p_0 = 0{,}2$ atü.

Aus dem *is*-Diagramm (Abb. 16) ergibt sich das verfügbare Gefälle $h_t = 728 - 617{,}3 = 110{,}7$ kcal/kg; es werde $\eta_e = 0{,}45$ geschätzt, dann ist

$$D_e = \frac{632}{110{,}7 \cdot 0{,}45} = 12{,}7 \text{ kg/PS/h};$$

$$G_{\text{sek}} = \frac{100 \cdot 12{,}7}{3600} = 0{,}353 \text{ kg/s}.$$

Ferner ist

$$c_0 = 91{,}5\sqrt{110{,}7} = 964 \text{ m/s};$$

$$c_1 = 0{,}94 \cdot 964 = 906 \text{ m/s},$$

mit $\varphi = 0{,}94$ bei einfachen gegossenen Düsen.

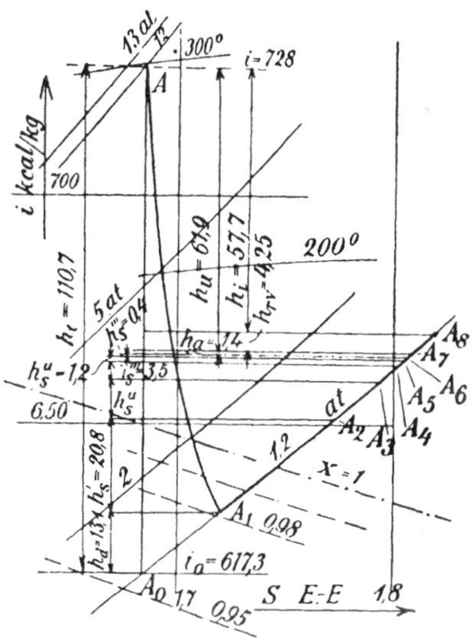

Abb. 16. Berechnung im is-Diagramm

Es seien drei Geschwindigkeitsstufen gewählt, bei denen der Umfangswirkungsgrad nach Abb. 34, Teil I, den günstigsten Wert bei etwa $u/c_1 = 0{,}15$ hat. Bei nach S. 10 gewählten Austrittswinkeln ist der Wirkungsgrad höher und der Höchstwert liegt bei größerem u/c_1. Um den für die innere Leistung günstigsten Wert zu finden, seien wie im Beispiel vorher für verschiedene Werte von u/c_1 bzw. D die Umfangsleistung aus dem Geschwindigkeitsplan nach Abb. 17, die Radreibung nach Gl. (55), Teil I, mit einer geschätzten gesamten Schaufellänge von 50 mm mit $\alpha = 1{,}1$, $\varepsilon = 0{,}2$, und die innere Leistung errechnet, in folgender Zahlentafel zusammengestellt und in Abb. 18 graphisch aufgetragen, wie auch die Radreibungs- und Ventilationsverluste h_{rv}.

$u/c_1 =$	0,11	0,12	0,13	0,14	0,15	0,16	
$u =$	99,6	108,7	117,8	126,9	135,9	145	m/s
$D =$	0,635	0,692	0,756	0,807	0,865	0,923	m
$h_u =$	54,8	57,7	60,5	62,7	65,0	66,3	kcal/kg
$\eta_u =$	49,6	52,3	54,7	56,8	58,9	60,0	v. H.
$N_{rv} =$	3,28	4,51	6,61	8,8	11,8	15,5	PS
$h_{rv} =$	1,63	2,24	3,28	4,4	5,9	7,7	kcal/kg
$h_i =$	53,27	55,46	57,22	58,3	59,12	58,6	kcal/kg
$\eta_i =$	48,1	50,1	51,7	52,7	53,4	52,9	v. H.

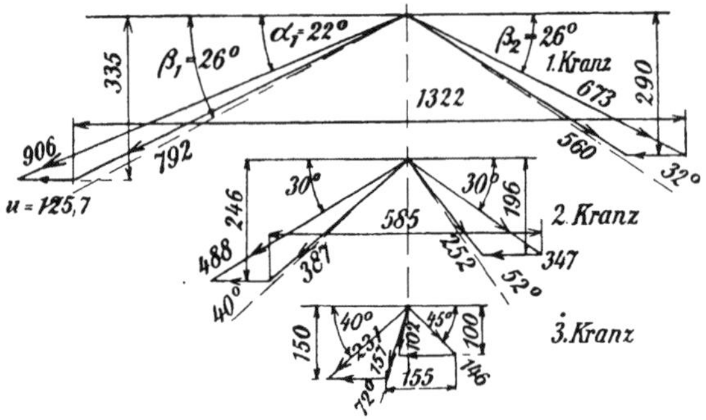

Abb. 17. Geschwindigkeitspläne

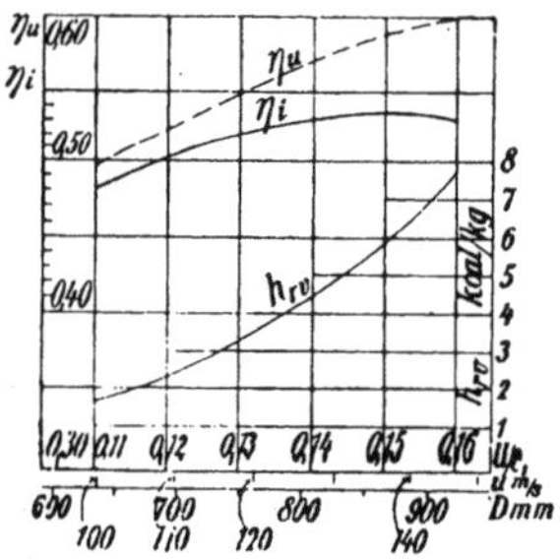

Abb. 18. Wirkungsgrade

Danach liegt der günstigste Wert von η_i bei etwa $u/c_1 = 0{,}15$ und $D = 0{,}87$ m; es sei für die Ausführung $D = 0{,}8$ m angenommen mit $u = 125{,}66$ m/s; für diese Werte sind Abb. 16 und 17 gezeichnet, unter der Annahme der Austrittswinkel der Laufschaufeln nach S. 10, der Eintrittswinkel β_1 etwas größer als der Winkel der Geschwindigkeit ω_1. Der Geschwindigkeitskoeffizient ψ ist der Abb. 7 entnommen.

Es ist dann

$$h_u = \frac{125{,}66 \cdot 2062}{9{,}81 \cdot 427} = 61{,}9 \text{ kcal/kg}, \quad \eta_u = \frac{61{,}9}{110{,}7} = 0{,}559.$$

Die Radreibungsarbeit ist mit einer Schaufellänge $l = 5{,}0$ cm und mit den obigen Werten:

$$N_{rv} = \alpha[1{,}46\, D^2 + (1 - \varepsilon)\, 0{,}83\, D l^{1{,}5}]\, u^3 \gamma : 10^6 \text{ PS}$$

$$N_{rv} = 1{,}1\,(1{,}46 \cdot 0{,}8^2 + 0{,}8 \cdot 0{,}83 \cdot 0{,}8 \cdot 5^{1{,}5})\, 125{,}66^3 \cdot 0{,}57 : 10^6 = 8{,}56 \text{ PS}.$$

$$h_{rv} = 8{,}6 : (5{,}7 \cdot 0{,}353) = 4{,}25 \text{ kcal/kg}.$$

$$h_i = 61{,}9 - 4{,}3 = 57{,}6 \text{ kcal/kg}$$

und

$$\eta_i = 57{,}6 : 110{,}7 = 0{,}521 = 52{,}1 \text{ v. H.}$$

Werden die Strahlungs-, Stopfbüchsen- und die Lagerreibungsverluste im mechanischen Wirkungsgrad zusammengefaßt, der zu $\eta_m = 0{,}9$ angenommen sei, so ist

$$\eta_e = \eta_i \cdot \eta_m = 0{,}521 \cdot 0{,}9 = 0{,}469.$$

Der Dampfverbrauch würde somit etwas geringer als anfangs ermittelt, wegen der Unsicherheit der Radreibungsverluste sei er mit

$$D_e = 12{,}6 \text{ kg/PS}_e\text{h} \text{ beibehalten,}$$

also

$$G_{\text{sek}} = \frac{100 \cdot 12{,}6}{3600} = 0{,}35 \text{ kg/s}.$$

Düsen. Mit dem Volumen des Frischdampfes nach Teil I Tafel 2, S. 132

$$v = 0{,}219 \text{ m}^3\text{/kg}$$

ist der engste Querschnitt nach Gl. (16), S. 15 in cm²

$$F_{\min} = \frac{10000\, G_{\text{sek}}}{209 \sqrt{p/v}} = \frac{100 \cdot 0{,}35}{2{,}09 \sqrt{12 : 0{,}219}} = 2{,}236 \text{ cm}^2 = 223{,}6 \text{ mm}^2.$$

Der Endzustand A_1 in Abb. 16 wird gefunden nach Abtragen des Düsenverlustes

$$h_d = A \frac{c_0^2 - c_1^2}{2g} = \frac{964^2 - 906^2}{427{,}2 \cdot 9{,}81} = 13{,}1 \text{ kcal/kg},$$

wodurch mit $x_1 = 0{,}981$ das Volumen am Austritt

$$v_1 = x_1 v'' = 0{,}981 \cdot 1{,}457 = 1{,}429 \text{ m}^3/\text{kg}$$

und der Endquerschnitt

$$F_1 = \frac{G_{\text{sek}} v_1}{c_1} = \frac{0{,}35 \cdot 1{,}429 \cdot 10^4}{906} = 5{,}525 \text{ cm}^2 = 552{,}5 \text{ mm}^2.$$

Ausgeführt werde $F_1 = 528$ mm², so daß der Dampf mit geringem Überdruck austritt, die Strahlablenkung ist hier aber vernachlässigbar gering (s. S. 19).

Es seien sechs Düsen angenommen mit rechteckigem Querschnitt von je

$$f_{\min} = F_{\min} : 6 = 37{,}37 \text{ mm}^2 = 6 \cdot 6{,}21 \text{ mm},$$

und

$$f_1 = F_1 : 6 = 88 \text{ mm}^2 = 8 \cdot 11 \text{ mm},$$

wie Abb. 19 zeigt.

Für Überlastung seien noch 2 Düsen angenommen (etwa $^4/_3$ Last).

Lauf- und Umleitschaufeln. Mit den Winkeln aus dem Geschwindigkeitsplan (Abb. 17) werden die Profile entworfen (Abb. 19), für 14 mm breite Schaufeln, dadurch ergibt sich der Krümmungshalbmesser und die Teilung nach Gl. (23), S. 22, sowie die Schaufelzahl z.

I. Kranz. $\beta_1 = 28^0$, $\beta_2 = 26^0$; $t_s = r : 2 \sin \beta_2 = 7{,}5 : (2 \cdot 0{,}4384) = 8{,}55$ mm, Schaufelzahl $z = \pi D : t_s = \pi\, 800 : 8{,}55 = 294$ genau, die genaue Teilung bleibt wie oben.

Der Verengungsfaktor ist

$$\tau_s = \frac{8{,}55 - 0{,}5/0{,}4384}{8{,}55} = 0{,}867.$$

Schaufellänge am Eintritt

$$l_e^{\mathrm{I}} = 8 + 1 = 9 \text{ mm},$$

am Austritt (nach Gl. (25), S. 23), wobei wegen der geringen Beaufschlagung $\tau = 1$ für die Leitvorrichtung angenommen sei (keine Ausbreitung des Dampfstromes in Umfangsrichtung), ferner $\frac{v_2}{v_1} \sim 1$.

$$l_a^{\mathrm{I}} = a \cdot \frac{1}{\tau_s} \cdot \frac{c_{1a}}{c_{1a}} = 8 \cdot \frac{1}{0{,}867} \cdot \frac{335}{290} = 8 \cdot 1{,}14 \cdot 1{,}155$$

$$l_a^{\mathrm{I}} = 10{,}53 = \sim 10{,}5 \text{ mm}.$$

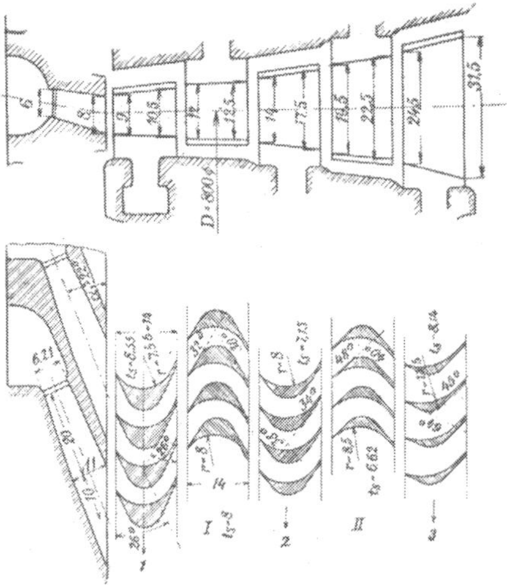

Abb. 19. Schaufelschnitt

I. Umleitschaufel: $\beta_1 = 32^0$, $\beta_2 = 30^0$, $r = 8$ mm, $t_s = 8{,}0$ mm, da nur ein Teil des Umfanges mit Schaufeln besetzt ist, braucht am Umfang keine volle Schaufelzahl angenommen zu werden;

$$l_e^u = l_a^{\mathrm{I}} + 1{,}5 = 12 \text{ mm};$$

der Verengungsfaktor

$$\tau_s = (t_s—0{,}5/\sin\beta_2) : t_s = (8{,}0—0{,}5/0{,}5) : 8 = 0{,}876$$

und

$$l_a^u = 10{,}53\,\frac{0{,}867}{0{,}876}\cdot\frac{290}{246} = 10{,}53\cdot 0{,}990\cdot 1{,}178 = 12{,}3$$

$$l_a^u = 12{,}5 \text{ mm}\,.$$

II. Kranz: $\beta_1 = 40^0$, $\beta_2 = 34^0$, $r = 8{,}0$ mm, $t_s = 7{,}15$ mm; $z = 351$ Schaufeln, Verengungsfaktor $= 0{,}87$, genaue Teilung $t_s = 7{,}16$ mm.

$$l_e^{II} = 12{,}5 + 1{,}5 = 14 \text{ mm}\,,$$

$$l_a^{II} = 12{,}3\cdot\frac{0{,}876}{0{,}87}\cdot\frac{249}{196} = 12{,}3\cdot 1{,}135\cdot 1{,}255 = 17{,}5 \text{ mm}\,.$$

II. Umleitschaufel: $\beta_1 = 52^0$, $\beta_2 = 40^0$; $r = 8{,}5$ mm, $t_s = 6{,}62$ mm, Verengungsfaktor $= 0{,}894$

$$l_e^u = 17{,}5 + 2 = 19{,}5 \text{ mm};$$

$$l_a^u = 17{,}5\,\frac{0{,}87}{0{,}894}\cdot\frac{196}{150} = 17{,}5\cdot 0{,}973\cdot 1{,}1305 = 22{,}3$$

$$l_a^u = 22{,}5 \text{ mm}\,.$$

III. Kranz: $\beta_1 = 72^0$, $\beta_2 = 45^0$; $r = 11{,}5$ mm, $t_s = 8{,}13$ mm, $z = 309$ Schaufeln, Verengungsfaktor $= 0{,}913$, genaue Teilung $t_s = 8{,}11$ mm

$$l_e^{III} = 22{,}5 + 2 = 24{,}5 \text{ mm};\; l_a^{III} = 22{,}3\,\frac{0{,}894}{0{,}913}\cdot\frac{150}{103} = 31{,}5 \text{ mm}.$$

Den Schaufelschnitt zeigt Abb. 19.

Die Schaufellänge ist größer, als der Berechnung der Radreibung zugrunde gelegt, doch ist der Einfluß nicht so groß, daß sich eine Korrektur nötig machte, zumal die verwendete Gleichung größere Radreibungsverluste gibt, als die Gl. (56), Teil I.

Die Wärmebilanz

Düsenverlust $h_d = A \frac{c_0^2 - c_1^2}{2g} = \frac{964^2 - 906^2}{427 \cdot 2 \cdot 9{,}81} = 13{,}1$ kcal/kg

Schaufelverlust $h_s^{I} = A \frac{w_1^2 - w_2^2}{2g} = \frac{792^2 - 673^2}{8377} = 20{,}8$ kcal/kg

Umleitverlust $h_s^{u} = \frac{560^2 - 488^2}{8377} = 9{,}0$ kcal/kg

Schaufelverlust $h_s^{II} = \frac{387^2 - 347^2}{8377} = 3{,}5$ kcal/kg

Umleitverlust $h_s^{u} = \frac{252^2 - 231^2}{8377} = 1{,}2$ kcal/kg

Schaufelverlust $h_s^{III} = \frac{157^2 - 145^2}{8377} = 0{,}4$ kcal/kg

Austrittsverlust $h_a = A \frac{c_2^2}{2g} = \frac{102^2}{8377} = 1{,}2$ kcal/kg

49,24 kcal/kg

Radreibungsverlust h_{rv} = 4,25 kcal/kg
Innere Leistung h_i = 57,60 kcal/kg

Summe 111,09 kcal/kg

Es zeigt sich eine gute Übereinstimmung als Beweis der Richtigkeit der Berechnung. Die Verluste sind im *is*-Diagramm (Abb. 16) eingetragen.

2. Mehrstufige Turbinen

Berechnung einer Geschwindigkeits-Druckstufenturbine mit Kondensation für eine Normalleistung von $N_e = 1500$ PS_e bei $n = 6000$ Umdr./min für 20 ata 340° vor dem Einlaßventil und 92% Vakuum (etwa 25° Kühlwassertemperatur (s. Bd. III).

Es sei beim Eintritt in die Turbine eine Drosselung auf 18 ata angenommen, dann ist das verfügbare adiabatische Gesamtgefälle (Abb. 20)

$$H_t = i - i_0 = 745{,}0 - 521{,}3 = 223{,}7 \text{ kcal/kg}.$$

Nach Zahlentafel S. 118 Teil I kann der Gesamtwirkungsgrad $\eta_e = 0{,}73$ angenommen werden, dann ist der Dampfverbrauch

$$D_e = 623 : (H_t \cdot \eta_e) = 632 : (223{,}7 \cdot 0{,}73) = 3{,}87 \text{ kg/PS}_e\text{h}$$

und die sekundliche Dampfmenge

$$G_{\text{sek}} = 1500 \cdot 3{,}87 : 3600 = 1{,}62 \text{ kg/s.}$$

Werden die Leerlaufsverluste nach Zahlentafel S. 116 Bd. I zu 3%, also $\eta_m = 0{,}97$, angenommen, dann ist der innere Wirkungsgrad $\eta_i = \eta_e : \eta_m = 0{,}73 : 0{,}97 = 0{,}753$ und das ausgenutzte innere Gefälle

$$H_i = 223{,}7 \cdot 0{,}753 = 168 \text{ kcal/kg.}$$

Damit kann der voraussichtliche Endzustand beim Austritt aus der letzten Stufe ermittelt werden zu

$$i_E = 745 - 168 = 577 \text{ kcal/kg.}$$

Das Volumen am Austritt aus der letzten Stufe ist aus dem Mollier-*is*-Diagramm auf der Druckkurve $p_0 = 0{,}08$ ata bei $i_E = 577$ kcal/kg

$$v = 18 \text{ m/kg.}$$

Um bei der vorliegenden Leistung keine zu große Stufenzahl zu erhalten, ist die erste Stufe als Regelstufe mit Geschwindigkeitsstufung angenommen und für ein reichliches Drittel des Gesamtgefälles ausgelegt, so daß der Enddruck der ersten Stufe rd. 4 ata beträgt. Aus dem *is*-Diagramm, Abb. 20, ist dann das adiabate Gefälle

$$h_t = 745 - 662{,}4 = 82{,}6 \text{ kcal/kg}$$

und

$$c_0 = 91{,}5 \sqrt{h_t} = 91{,}5 \sqrt{82{,}6} = 831 \text{ m/s}$$

und die wirkliche Geschwindigkeit

$$c_1 = \varphi\, c_0 = 0{,}95 \cdot 831 = 790 \text{ m/s}.$$

In der gleichen Weise wie beim Beispiel 1b, S. 38, kann der günstigste Teilkreisdurchmesser ermittelt werden, indem für verschiedene Durchmesser bzw. u/c_1 die Umfangsleistung, die Radreibungsarbeit und die innere Leistung bzw. $h_i : h_t$ ermittelt wird. Auf diese Weise ergibt sich ein Durchmesser der ersten Stufe

$$D = 0{,}5 \text{ m} = 500 \text{ mm},$$

der für die Ausführung angenommen wird.

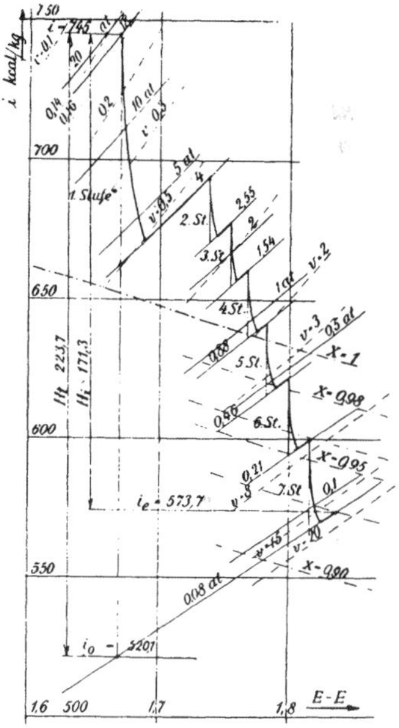

Abb. 20. Berechnung im is-Diagramm

Das Gefälle der zweiten Stufe muß so bemessen werden, daß volle Beaufschlagung erreicht wird bei einer radialen Kanalhöhe von mindestens $a = 10$ mm, dem dann ein bestimmter Durchmesser entspricht nach Gl. (6), S. 11. Um das Endvolumen v_1 zu ermitteln, muß zunächst das Gefälle h_t geschätzt werden und nach Abtragen von h_t im is-Diagramm kann auf der Drucklinie etwas oberhalb des Endpunktes der Adiabate (wegen des Düsenverlustes) v_1 abgelesen werden. Nach Annahme von u/c_1 und des Verengungsfaktors τ wird nun der Durchmesser D nach Gl. (6), S. 11 errechnet. Das diesem Durchmesser entsprechende Gefälle ist

$$h_t = A\,\frac{c_0^2}{2g} = \frac{c_0^2}{8380} = \frac{c_1^2}{\varphi^2\,8380} = \frac{u^2}{\chi^2}\,\frac{\nu}{\varphi^2\,8380} = \frac{\pi^2\,D^2\,n^2}{60^2\,\chi^2\,\varphi^2\,8380} =$$

$$= \frac{11{,}777}{\chi^2\cdot\varphi^2}\,D^2 \text{ für } n = 6000\ \text{U/min.}$$

Wird für den vorliegenden Fall wieder $\varphi = 0{,}95$ und $\chi = u/c_1 = 0{,}45$ angenommen, dann ist

$$h_t = 64{,}5\,D^2 \text{ oder } D = 0{,}1245\,\sqrt{h_t}\ \ldots\ \text{a)}\,.$$

Stimmt dieser Durchmesser nicht mit dem nach Gl. (6) errechneten überein, so muß mit neuer Annahme nochmals gerechnet werden, meist kommt man bei der zweiten Annahme auf genügende Übereinstimmung.

Für häufiger vorzunehmende Berechnungen empfiehlt es sich, für verschiedene Werte von u/c_1 die adiabaten Gefälle h_t über den zugehörigen Durchmessern nach Gl. a) bzw. den Umfangsgeschwindigkeiten zeichnerisch in Form eines Diagramms aufzutragen, so daß die zugehörigen Werte von h_t und D entnommen werden können. Der Verengungsfaktor τ kann für das Diagramm etwa zu 0,8 angenommen und für andere Werte durch das Verhältnis der Quadrate $\left(\frac{\tau'}{\tau}\right)^2$ umgerechnet werden.

Für die vorliegende Berechnung der zweiten Stufe werde $h_t = 23$ kcal/kg geschätzt und, wie oben, $u/c_1 = 0{,}45$, $\tau = 0{,}75$ angenommen, dann ist nach obiger Gl. a)

$$D = 0{,}1245\,\sqrt{23} = 0{,}60\ \text{m}$$

und nach Gl. (6)

$$D = \sqrt{\frac{G_{\text{sek}}\cdot v_1\cdot 60\cdot\chi\cdot 1000}{a\cdot\tau\cdot\pi^2\sin\alpha_1\cdot n}} =$$

$$= \sqrt{\frac{1{,}81\cdot 0{,}8\cdot 60\cdot 0{,}45\cdot 1000}{10\cdot 0{,}75\cdot 9{,}87\cdot 0{,}2419\cdot 6000}} = 0{,}595\ \text{m}\,.$$

Es kann somit der Durchmesser zu

$$D = 600\ \text{mm}$$

festgelegt werden.

Nun wird zweckmäßig der Durchmesser der letzten Stufe ermittelt nach Gl. (27), S. 25 für ein zulässiges Verhältnis der Kanalhöhe zum Durchmesser bzw. $D/a = \vartheta = 6$, mit den Annahmen $\tau = 0{,}84$, $\chi = 0{,}45$ und $\alpha_1 = 16^0$, $v_1 = 18$ m/kg aus dem *is*-Diagramm, Abb. 20 nach Abtragen von H_i

$$D = \sqrt[3]{\frac{G_{\text{sek}}\, v_1\, \vartheta\, 60 \cdot \chi \cdot 1000}{\pi^2 \cdot \tau \cdot n \cdot \sin \alpha_1}} =$$

$$= \sqrt[3]{\frac{1{,}8 \cdot 18 \cdot 6 \cdot 0{,}45 \cdot 1000}{9{,}87 \cdot 0{,}84 \cdot 6000 \cdot 0{,}2756}} = 0{,}728 \text{ m}.$$

Es sei $D = 700$ mm angenommen, so daß die radiale Kanalhöhe etwas größer als $D/6$ wird.

Diesem Durchmesser entspricht nach Gl. a) ein Gefälle

$$h_t = 64{,}5\, D^2 = 64{,}5 \cdot 0{,}49 = 31{,}6 \text{ kcal/kg}.$$

Wird der Wärmerückgewinn zu 6% geschätzt, also $\mu = 1{,}06$ (s. S. 12), dann ist die Summe der adiabaten Einzelgefälle

$$H = \mu \cdot H_t = 1{,}06 \cdot 223{,}7 = 239 \text{ kcal/kg}.$$

Nun muß das restliche Gefälle

$$239 - 82{,}6 - 23 - 31{,}6 = 101{,}8 \text{ kcal/kg}$$

aufgeteilt werden, so daß die Durchmesser allmählich von 600 mm bis auf 700 mm zunehmen, wobei die Zunahme anfangs klein sein muß, um eine günstige radiale Strahlführung zu erhalten. Das Gefälle werde probeweise wie folgt aufgeteilt:

Stufe	3	4	5	6	
h_t	= 23,5	24,5	26	28	= 102 kcal/kg,

so daß es genügend genau aufgeht. Es ergeben sich somit insgesamt 7 Stufen. Bei der genauen Durchrechnung muß das Gefälle der letzten Stufe nötigenfalls etwas geändert werden.

Die zugehörigen Durchmesser sind nach Gl. a)

Stufe	3	4	5	6
$D =$	610	624	640	660 mm

Damit wird die Berechnung durchgeführt.

Zur bequemeren Aufteilung des Gefälles, besonders bei großer Stufenzahl, sei folgendes Mittel empfohlen. Man trägt auf einer waagerechten Geraden das Gesamtgefälle $H = \mu H_t$ (z.B. in mm) auf (Abb. 21) und auf dieser die Gefälle der ersten, zweiten und letzten Stufe, dann läßt sich das zwischenliegende Gefälle von der dritten bis zur vorletzten Stufe progressiv abtragen. Bei großem Unterschied der Durchmesser der zweiten und der letzten Stufe kommt man nicht ohne einen Sprung in den Durchmesser aus.

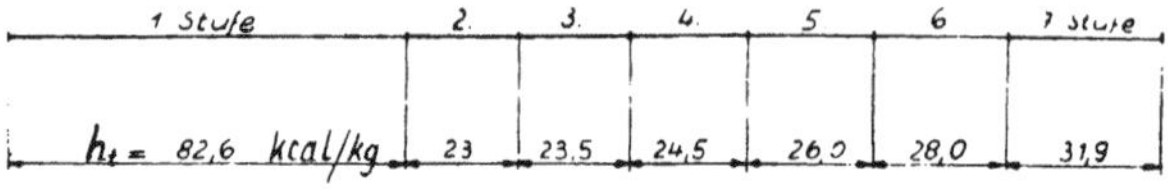

Abb. 21. Aufteilung des Gefälles

1. Stufe. $h_t = 82{,}6$ kcal/kg, $c_0 = 91{,}5\sqrt{82{,}6} = 831$ m/s und mit $\varphi = 0{,}95$ $c_1 = 0{,}95 \cdot 831 = 790$ m/s, $u = 157{,}08$ m/s. Aus den Geschwindigkeitsplänen Abb. 22, die mit $\alpha_1 = 20^0$, den Winkeln β_2 nach S. 10, β_1 aus der Richtung von w_1 und ψ nach Abb. 7 gezeichnet sind, ist die Leistung am Umfang

$$h_u = \frac{157{,}08\,(1087 + 301)}{9{,}81 \cdot 427} = 52{,}1 \text{ kcal/kg und}$$

$$\eta_u = 52{,}1 : 82{,}6 = 0{,}631\,.$$

Die Radreibungs- und Ventilationsarbeit ist nach der Gl. (55), Teil I

$$N_{rv} = \alpha[1{,}46\,D^2 + 0{,}83\,(1 - \varepsilon)\,D\,l^{1{,}5}]\,u^3 \cdot \gamma \cdot 10^{-6} \text{ PS},$$

mit $\alpha = 1{,}1$, $D = 0{,}5$, dem geschätzten Beaufschlagungsgrad $\varepsilon = 0{,}3$, $\gamma = 1/v = 1{,}95$ kg/m³ mit $v = 0{,}51$ m³/kg aus dem is-Diagramm und $l \cong 2{,}5$ cm

$$N_{rv} = 1{,}1[1{,}46 \cdot 0{,}5^2 + 0{,}83(1 - 0{,}3)0{,}5 \cdot 2{,}5^{1{,}5}]\;157^3 \cdot 1{,}95 \cdot 10^{-6} = 12 \text{ PS},$$

dann ist

$$h_{rv} = \frac{N_{rv}}{G_{\text{sek}} \cdot 5{,}7} = \frac{12}{1{,}81 \cdot 5{,}7} = 1{,}1 \text{ kcal/kg}$$

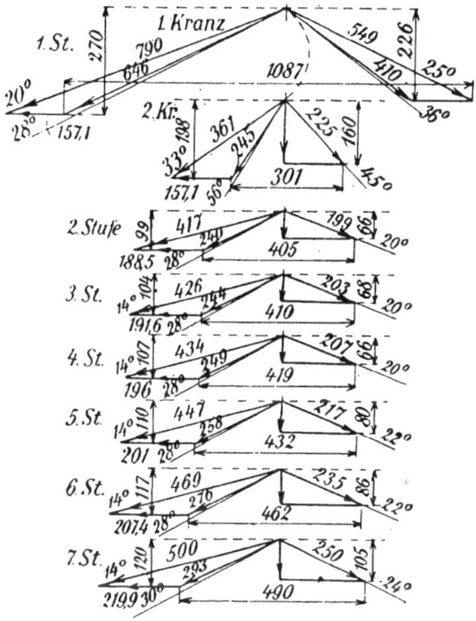

Abb. 22. Geschwindigkeitspläne

und die innere Leistung

$$h_i = h_u - h_{rv} = 52{,}1 - 1{,}1 = 51{,}0 \text{ kcal/kg}$$

sowie

$$\eta_i = 51 : 82{,}6 = 0{,}617;$$

der Endwärmeinhalt ist dann $745 - 51 = 694$ kcal/kg.

2. Stufe. $D = 600$ mm, $u = 188{,}5$ m/s, günstigstes Gefälle $h_t = 23$ kcal/kg, damit $c_0 = 91{,}5\sqrt{23} = 439$ m/s, $c_1 = 0{,}95 \cdot 439 = 417$ m/s; aus dem Geschwindigkeitsplan mit $\alpha_1 = 14^0$, $\beta_2 = 20^0$ wird

$$h_u = \frac{188{,}5 \cdot 405}{9{,}81 \cdot 427} = 18{,}2 \text{ kcal/kg}, \; \eta_u = 18{,}2 : 23 = 0{,}793.$$

Ferner ist bei voller Beaufschlagung ($\varepsilon = 1$) mit $v = 0{,}8$

$$N_{rv} = 1{,}1 \cdot 1{,}46 \cdot 0{,}6^2 \cdot 6{,}7 \cdot 1{,}25 = 6 \text{ PS}$$

und $h_{rv} = \frac{6}{1{,}81 \cdot 5{,}7} = 0{,}5$ kcal/kg.

Schätzt man den Nabendurchmesser zu $d_n = 200$ mm, den Spalt an der Nabendichtung zu $s = 0{,}5$ mm, die Kontraktion zu 0,8, also $\varphi_{sp} = 0{,}8$, so ist der Spaltquerschnitt $f_{sp} = \pi d_n s = 3{,}14$ cm² und die durch den Spalt strömende Dampfmenge

$$G_{sp} = \varphi_{sp} \frac{f_{sp} \cdot c_1}{v_1} = 0{,}8 \frac{3{,}14}{10000} \cdot \frac{417}{0{,}8} = 0{,}131 \text{ kg/s}$$

und der Spaltverlust nach Gl. (58b), Teil I

$$h_{sp} = (h_u - h_{rv}) \frac{G_{sp}}{G_{\text{sek}}} = (18{,}2 - 0{,}5) \frac{0{,}131}{1{,}81} = 1{,}7 \text{ kcal/kg}.$$

Damit wird $h_i = h_u - h_{rv} - h_{sp} = 15{,}95$ kcal/kg,

$$\eta_i = 15{,}95 : 23 = 0{,}694$$

und der Endwärmeinhalt, zugleich Anfangswärmeinhalt der folgenden Stufe

$$i_e = 694 - 15{,}95 = 678{,}05.$$

3.–7. Stufe. Der Gang der Berechnung ist derselbe, wie bei der 2. Stufe, jedoch ist die Austrittsgeschwindigkeit c_2 aus der vorhergehenden Stufe ausgenutzt, die erreichbare Dampfgeschwindigkeit ist dann nach Gl. (9) S. 13

$$c_1 = \varphi \sqrt{2\, g \cdot 427\, h_t + c_2^2} \text{ m/s}.$$

Bei der Radreibungsarbeit ist α steigend von 1,1 bis 1,3 angenommen. Die Werte der Berechnung sind in Zahlentafel 1 S. 54/55 angegeben und der Verlauf der Zustandsänderungen in das *is*-Diagramm (Abb. 20) eingetragen.

Das innere Gesamtgefälle ergibt sich demnach zu $H_i = 745 - 573{,}7 = 171{,}3$ kcal/kg und $\eta_i = 171{,}3 : 223{,}7 = 0{,}767$. Der mechanische Wirkungsgrad war zu $\eta_m = 0{,}97$ angenommen, dann ist der effektive Wirkungsgrad

$$\eta_e = \eta_i \cdot \eta_m = 0{,}767 \cdot 0{,}97 = 0{,}744,$$

also etwas höher als anfangs angenommen. Damit wird der spezifische Dampfverbrauch $D_e = 860 : 171{,}3 = 5{,}02$ kg/kWh; um die Leistung mit Sicherheit zu erreichen, sei mit 5% höherem Verbrauch gerechnet, einschl. Stopfbuchsenverlust, also $D_e = 5{,}27$ kg/kWh, $G_{\text{sek}} = 1{,}81$ kg/s, für welche Werte die Leitkanalabmessungen und die Schaufellänge berechnet sind.

Leitapparate und Laufschaufeln

1. Stufe. Engster Querschnitt nach Gl. (16), S. 15

$$F_{\min} = \frac{G_{\text{sek}} \cdot 10000}{209\sqrt{p/v}} \text{ cm}^2 = \frac{181}{2{,}09\sqrt{18/0{,}155}} = 9{,}03 \text{ cm}^2 = \\ = 903 \text{ mm}^2;$$

nach Abtragen des Düsenverlustes $h_d = \dfrac{c_0^2 - c_1^2}{2g \cdot 427} = 7{,}92$ kcal/kg in das *is*-Diagramm ergibt sich $v_1 = 0{,}5$ und der Endquerschnitt nach Gl. (17)

$$F_1 = \frac{G_{\text{sek}} \cdot v_1 \cdot 10000}{c_1} \text{ cm}^2 = \frac{18100 \cdot 0{,}5}{790} = \\ = 11{,}45 \cong 1100 \text{ mm}^2,$$

damit etwas Überdruck am Austritt erreicht wird.

Bei 64 Kanälen am Umfang ist die Teilung $t = 24{,}54$ mm, damit nach Abb. 3 $\delta = t \sin \alpha_1 - s = 24{,}54 \cdot 0{,}342 - 2 =$

8,39 – 2 = 6,39 mm und bei 16 offenen Kanälen bei Volllast ist $a = 903 : (16 \cdot 6{,}39) = 8{,}85$ mm im engsten Querschnitt und am Austritt, wenn die Erweiterung nur radial ausgeführt wird, $a = 1100 : (16 \cdot 6{,}39) = 10{,}75$ mm.

Der Beaufschlagungsgrad ist $\varepsilon = 16 : 64 = 0{,}25$ und der Verengungsfaktor

$$\tau = \frac{t - s/\sin\alpha_1}{t} = \frac{18{,}7}{24{,}54} = 0{,}762\,.$$

Aus den für die Winkel β_2 nach S. 10 und den der Richtung von w_1 entsprechenden Winkeln β_1 aus dem Geschwindigkeitsplan entworfenen Schaufelprofilen für 20 mm breite Schaufeln erhält man den Krümmungshalbmesser und die Teilung (s. S. 22) t_s, den Verengungsfaktor τ_s und damit nach Gl. (25), S. 23 die Schaufellängen, wobei der Verengungsfaktor der Leitkanäle wegen der teilweisen Beaufschlagung vernachlässigt sei ($\tau = 1$); c_{1a} und c_{2a} sind aus den Geschwindigkeitsplänen zu entnehmen.

1. Kranz: $l_e = 10{,}75 + 1{,}25 = 12$ mm

$$l_a = a\frac{1}{\tau_s}\cdot\frac{c_{1a}}{c_{2a}}\cdot\frac{v_2}{v_1} = 10{,}7\frac{1}{0{,}870}\cdot\frac{270}{226}\cdot\frac{0{,}5}{0{,}5} = 14{,}4 = \sim 14{,}5 \text{ mm}$$

Umleitkranz:

$$l_e = 15{,}5 \text{ mm};\; l_a = 14{,}4\frac{0{,}87}{0{,}86}\cdot\frac{226}{198} = 16{,}6 = \sim 16{,}5 \text{ mm}$$

2. Kranz:

$$l_e = 18 \quad \text{mm};\; l_a = 16{,}6\frac{0{,}86}{0{,}91}\cdot\frac{198}{160} = 19{,}4 = \sim 19{,}5 \text{ mm}$$

2. Stufe. Düsenverlust $h_d = 2{,}15$ kcal/kg, $i_1 = i_0 + 2{,}15 = 673{,}2$ kcal/kg und aus dem *is*-Diagramm $v_1 = 0{,}815$. Damit wird

$$F_1 = \frac{G_{\text{sek}} \cdot v_1}{c_1} = \frac{1{,}80 \cdot 0{,}815}{417} \cdot 10000 = 35{,}3 \text{ cm}^2 = 3530 \text{ mm}^2$$

und mit Berücksichtigung des wirksamen Nabenspaltes von $f_{sp} \sim 200\ \text{mm}^2$ (S. 50), $F = 3330\ \text{mm}^2$. Mit $t \simeq 32$ mm ergeben sich 60 Teilungen am Umfang und die genaue Teilung $t = \pi D : 60 = 31{,}42$ mm, $\delta = t \sin \alpha_1 - s = 31{,}42 \cdot 0{,}2419 - 2 = 7{,}60 - 2 = 5{,}60$ mm und die radiale Kanalhöhe

$$a = 3330 : (60 \cdot 5{,}6) = 9{,}93\ \text{mm},$$

$$\tau = \frac{31{,}42 - 2/0{,}2419}{31{,}42} = 0{,}738$$

Schaufellänge $l_s = 9{,}92 + 1{,}08 = 11$ mm, $\beta_1 = 28^0$, $\beta_2 = 20^0$, Breite $b = 25$ mm, Teilung $t_s = r/2 \sin \beta = 15{,}45$ mm,

Schaufelzahl $z_s = \pi \cdot 600 : 15{,}45 = 122$,

$$\text{Verengungsfaktor } \tau_s = \frac{15{,}45 - 0{,}5/\sin 20}{15{,}45} = 0{,}906,$$

und am Austritt

$$l_a = a \frac{\tau}{\tau_s} \cdot \frac{w_{1a}}{w_{2a}} = 9{,}92 \frac{0{,}738}{0{,}906} \cdot \frac{99}{66} = 12{,}1 \sim 12\ \text{mm}.$$

3.—7. Stufe. Die Berechnung erfolgt in derselben Weise, die Werte sind in der Zahlentafel 2 und 3 S. 54 u. 55 angegeben. Die letzte Stufe kann nicht mehr mit $\alpha_1 = 14^0$ ausgeführt werden. Die 5., 6. und 7. Stufe arbeiten mit überkritischem Druckverhältnis, die Leitkanäle sind jedoch ohne Erweiterung ausgeführt, so daß der Strahl mit etwas Überdruck austritt; die Strahlablenkung ist in der 5. und 6. Stufe vernachlässigbar gering; in der 7. Stufe beträgt sie nach Gl. (22), S. 20 aus $\sin \alpha_1' = \sin \alpha_1 \dfrac{v_1\, c_k}{v_k\, c_1} = 0{,}2756 \dfrac{17{,}0}{12{,}0} \dfrac{417}{500} = 0{,}326$, so daß $\alpha_1' = 18^0\, 30'$ und die Ablenkung von der Schaufelneigung $2^0\, 30'$ beträgt. Deshalb erhält die letzte Stufe etwas größeren Schaufeleintrittswinkel ($\beta_1 = 32^0$). Für die Berechnung der Leitquerschnitte kommt die kritische Geschwindigkeit c_k nach Gl. (14) S. 15 in Frage (der Dampf ist gesättigt), oder für den Querschnitt Gl. (16). Da während des Ausströmens weitere Expansion stattfindet, muß die Laufschaufellänge am Austritt nach dem dort erforderlichen Querschnitt, der durch das Volumen, die Geschwindigkeit und den Winkel β_2 bedingt ist, berechnet werden wie bei

Zahlentafel 1 Thermische

Stufe	p ata	p_0 ata	i kcal/kg	i_0 kcal/kg	h_t kcal/kg	D mm	u m/s	c_0 m/s	c_1 m/s	u/c_1
1	20/18	4	745,0	662,4	82,6	500	157,08	831	790	0,199
2	4	2,55	694,0	671,0	23,0	600	188,5	439	417	0,452
3	2,55	1,54	678,0	654,5	23,5	610	191,6	448	426	0,449
4	1,54	0,88	660,6	636,1	24,5	624	196,04	459	434	0,451
5	0,88	0,46	641,9	615,9	26	640	201,06	471	447	0,450
6	0,46	0,21	621,8	593,8	28	660	207,35	493	469	0,443
7	0,21	0,08	599,2	567,3	31,9	700	219,9	525	500	0,440

$\Sigma h_t = 239{,}5$

Zahlentafel 2 Leitvor-

Stufe	Teilkreis D mm	α_1^0	Düsenverl. h_d	$i_0 = i_0 + h_d$	v_1 m³/kg	F_1 mm²
1	500	20°	7,92	670,3	0,5	903/1100
2	600	14	2,15	673,2	0,815	3530
3	610	14	2,32	656,9	1,24	5240
4	624	14	2,67	638,8	1,96	8140
5	640	14	2,63	618,5	3,2	12860
6	660	14	2,76	596,5	7,2	25540
7	700	16	3,06	570,4	17,0	53000

Zahlentafel 3 Lauf-

Stufe	Teilkreis D mm	β_1^0	β_2^0	ψ	Schaufel Zahl z_s	Schaufel Teilg. t_s
		22	25	0,907	127	12,37
1	500	36	33	0,913		10,96
		56	45	0,932	157	10,0
2	600	28	20	0,83	122	15,45
3	610	28	20	0,83	124	15,45
4	624	28	20	0,83	127	15,44
5	624	28	20	0,83	130	15,47
6	660	28	22	0,84	134	15,47
7	700	32	26	0,85	140	15,71

den Überdruckturbinen, nach Gl. (29), S. 29, wobei $v = v_2$ aus dem *is*-Diagramm (Abb. 20) und $c_a = w_{2a}$ aus dem Geschwindigkeitsplan (Abb. 22) zu errechnen ist.

Den Schaufelschnitt zeigt Abb. 23.

Berechnung

h_u kcal/kg	η_u %	v_r m³/kg	N_{rv} PS	h_{rv} kcal/kg	G_{sp} kg/s	h_{sp} kcal/kg	h_i kcal/kg	η_i %	N_i kW
52,1	63,1	0,55	12	1,1	—	—	51,0	61,7	385
18,2	79,3	0,83	5,0	0,55	0,128	1,7	15,95	69,4	120
18,76	79,9	1,2	3,4	0,37	0,09	1,03	17,4	74,1	131
19,6	80,1	2,0	2,6	0,28	0,05	0,62	18,7	75,4	141
20,7	79,7	3,5	1,7	0,18	0,03	0,38	20,14	77,5	152
22,9	81,7	7,1	1,0	0,11	0,015	0,23	22,6	80,7	171
25,7	80,6	16,7	0,6	0,06	0,007	0,12	25,5	80,1	192
							181,29		1292 kW

richtungen

F mm²	Kanal-zahl z	Teilung t mm	lichte Weite δ mm	Vereng. Faktor τ	radiale Kanalhöhe α mm
—	16/64	24,54	6,39	0,762	8,85/10,75
3330	60	31,42	5,60	0,738	9,92
5040	60	31,97	5,73	0,741	14,65
7940	60	32,67	5,91	0,748	22,41
12660	60	33,51	6,10	0,752	35,17
25340	60	34,56	6,36	0,761	66,5
52800	60	36,65	6,87	0,775	128,0

schaufeln

Breite mm	Vereng. Faktor τ_s	c_{1a}/c_{2a}	Länge: Eintr. l_e mm	Länge: Austritt gerechn.	Länge: Austritt ausgeführt l_a mm
	0,87	1,19	12,0	14,4	14,5
20	0,86	1,14	15,5	16,5	16,5
	0,91	1,24	18,0	19,45	19,5
25	0,906	1,50	11,0	12,1	12,5
25	0,906	1,49	16,0	17,85	18,0
25	0,906	1,57	24,0	29,2	29,5
25	0,906	1,375	37,0	40,3	40.5
25	0,918	1,36	68,0	79,3	79,5
25	0,928	1,20	130	141	141

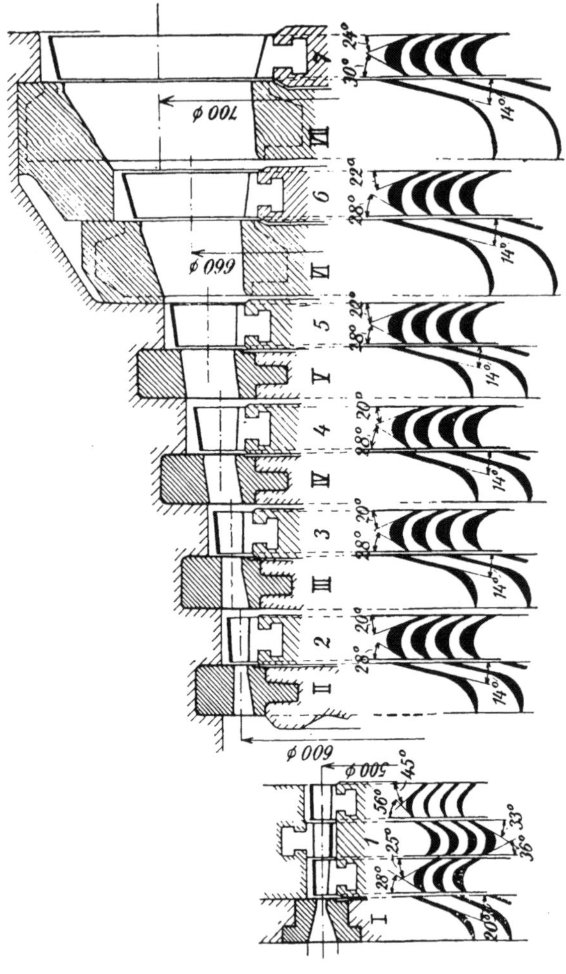

Abb. 23. Schauflungsschnitt

Zweiter Abschnitt

Berechnung und Konstruktion der umlaufenden Teile

I. Die Laufschaufeln

A. Ausführung der Schaufeln

1. Die Abmessungen der Schaufeln, d. h. Profil, Winkel, Länge und Anzahl, müssen nach den im ersten Abschnitt erwähnten Gesichtspunkten bestimmt werden, alsdann ist die Breite und Stärke nach den Forderungen der Festigkeit zu bemessen. Meist wird nach der Festlegung der Schaufelwinkel β_1 und β_2 die Länge bestimmt, und danach, entsprechend bewährten Ausführungen, die Breite nach S. 20 gewählt.

Gleichdruckschaufeln können als Blechschaufeln (Abb. 5) oder als Profil-(Rücken-)schaufeln (Abb. 6) ausgeführt werden, dagegen Überdruckschaufeln nur als Profilschaufeln.

Blechschaufeln werden aus gewalzten Bändern von entsprechender Breite und Stärke geschnitten, auf die Krümmung gepreßt und die Winkel gefräst, so daß am Eintritt die Kante zugeschärft ist, am Austritt ein gerades Stück von etwa 0,5 mm Stärke entsteht (Abb. 5). Die Stärke der Schaufeln ist etwa 2 bis 3 mm. Die Zwischenstücke (Füllstücke), die den genauen Abstand der Schaufeln einhalten, werden von entsprechend geformten gezogenen Profilstangen geschnitten und gefräst, sie müssen sich in der Form den Schaufeln anpassen. Blechschaufeln werden fast nur noch für kleine Hilfsturbinen verwendet.

Profilschaufeln und deren Füllstücke werden aus gezogenen Profilstangen hergestellt. Bei höher beanspruchten Schaufeln werden Schaufel und Füllstück aus einem Stück im Gesenk geschmiedet, auf die richtige Stärke gefräst, nötigenfalls mit nach dem Kopf hin abnehmbarer Stärke (als Körper gleicher Festigkeit), wobei der Flächendruck zwischen Schaufel und Rotor zu beachten ist (Abb. 48).

Die Füße der Schaufeln werden gefräst, die Form derselben kann verschieden sein (s. S. 59). Am oberen Ende werden die Schaufeln mit Zäpfchen versehen zur Befestigung des Deckbandes (Bandage) durch Vernieten. Die Abdeckung der Schaufeln soll die Streuung des Dampfstrahles infolge der Fliehkraft verhindern und zugleich als Versteifung der Schaufeln dienen (s. S. 70), bei Überdruckturbinen auch zur Abdichtung.

2. Die Befestigung der Schaufeln wird verschieden ausgeführt. Neben dem guten Festhalten des Schaufelfußes in der Nut des Laufrades oder der Trommel muß das Beschaufeln bequem möglich sein, ohne daß eine bedeutende Schwächung des Kranzes eintritt; die letzte Schaufel muß an der Einbringstelle gut festgemacht werden können. Vielfach wird hierzu ein besonderes Schaufelschloß ausgeführt. Bei großer Fliehkraft der Schaufeln muß auch die Flächenpressung beachtet werden; bei geringer Fliehkraft, wie sie bei den Trommeln der Überdruckturbinen wegen der kleinen Durchmesser auftritt, genügen leichtere Verbindungen durch Verstemmen. Neben der Befestigung ist auch die Versteifung sehr wichtig (s. u. Berechnung), die meist durch die Abdeckung mittels Deckbands (Bandage) erreicht wird; wo diese fehlt oder bei langen Schaufeln, wird noch ein Versteifungsdraht durch die Schaufeln gezogen und mit denselben verlötet.

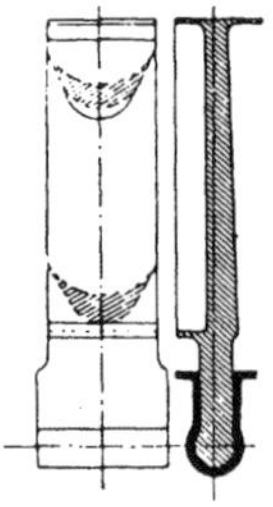

Abb. 24. Schaufel der de Laval-Turbine

Abb. 24 zeigt eine aus dem Vollen gefräste Schaufel der de Laval-Turbine; der Fuß wird in entsprechend gefräste Schlitze des Laufradkranzes gesteckt und leicht verstemmt; die Abdeckung ist durch Vorsprünge an den Schaufelenden gebildet. Diese Konstruktion hat den Vorteil der leichten Auswechselbarkeit.

Die bei höherer Beanspruchung am häufigsten angewendete Schaufelbefestigung ist durch die ⊥-, ╱╲-, ⟩⟨-

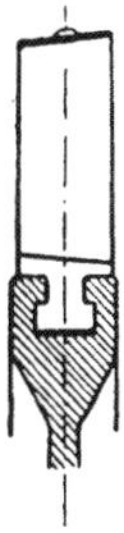
Abb. 25

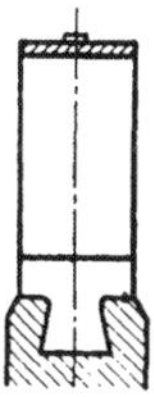
Abb. 26

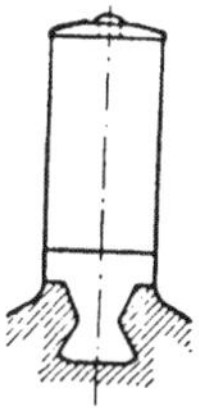
Abb. 27

Abb. 28

Schaufelbefestigung

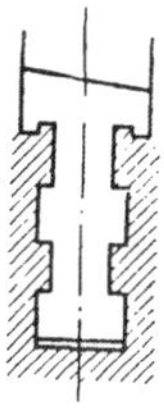
Abb. 29

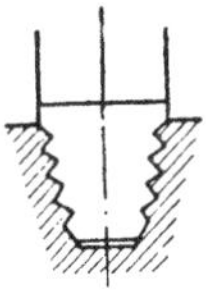
Abb. 30

Abb. 31

Schaufelbefestigung

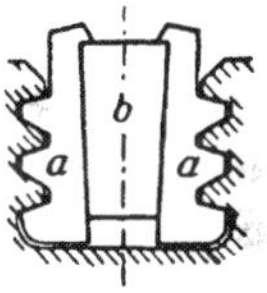

Abb. 32
Schaufelschloß

oder sägeförmige Füße, wie sie die Abb. 25 der Zoellyturbinen und Abb. 26, 27, 28 zeigen.

Bei großen Fliehkräften und dementsprechend hoher Flächenpressung werden die Füße mit Doppelhammerkopf nach Abb. 29 (vgl. Abb. 46) oder mit Tannenzapfenfuß nach Abb. 30 oder Abb. 31 (Reiterschaufel) ausgeführt. Ein Schaufelschloß für Sägezahnfußform zeigt Abb. 32 (SSW);

nach Einsetzen der Seitenteile *a* wird der Keil *b* eingefügt und durch Umnieten der Seitenteile gehalten.

Das Deckband wird zumeist durch Zäpfchen am Schaufelende angenietet. Eine Laufschaufel und Deckband der Wumag — Waggon- und Maschinenbau-A.-G. Görlitz,

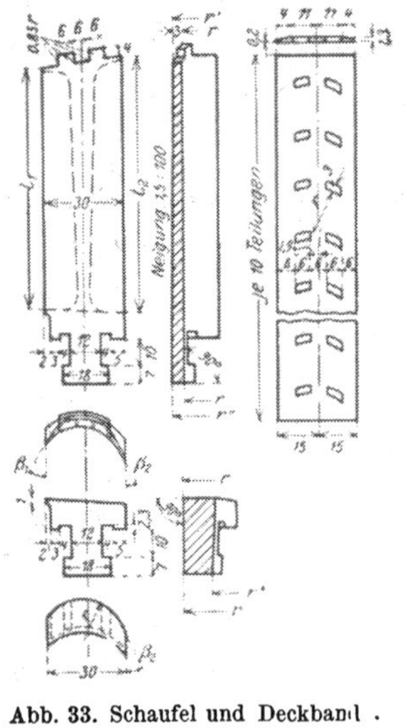

Abb. 33. Schaufel und Deckband

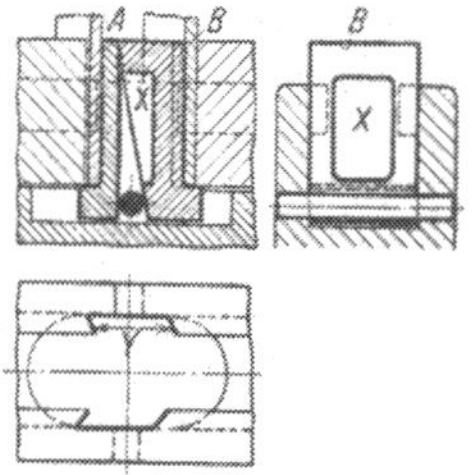

Abb. 34. Schaufelschloß

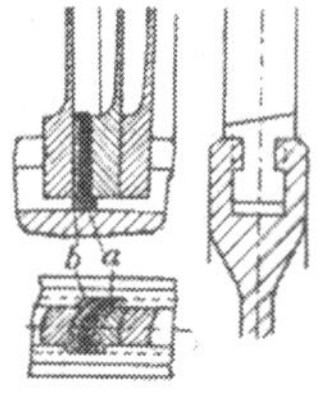

Abb. 35. Schaufelschloß

jetzt in Hamburg — zeigt Abb. 33; die seitlichen Falze sollen das Aufbiegen des Laufradkranzes verhindern. Bei langen Schaufeln erhalten die Füße noch einen zweiten Hammerkopf und sind mit dem Füllstück als Ganzes hergestellt, um die Flächenpressung durch die Fliehkraft in zulässigen Grenzen zu halten.

Abb. 34 zeigt das Schaufelschloß obiger Firma. Das letzte Füllstück ist zweiteilig und greift in einer Vertiefung unter die benachbarten Schaufeln, beide Teile werden durch einen Stift, der leicht verstemmt wird, in ihrer Lage gehalten. X-Aussparung zur Gewichtsverminderung. Ähnlich ist das Schaufelschloß der MAN (Abb. 35). Nach Einbringen des untergreifenden Stückes a wird die Beilage b eingesteckt und durch Umnieten von a gehalten.

Eine aus dem Vollen gefräste Schaufel der AEG zeigt Abb. 36, und eine Steckfußnadel Abb. 37, die für hohe Umfangsgeschwindigkeit verwendet wird; der Fuß ist gabelförmig und wird durch je zwei Kegelstifte gehalten, die

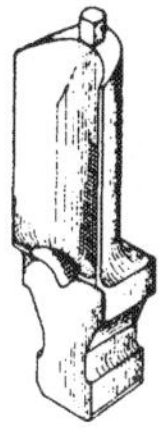

Abb. 36. Schaufel der AEG

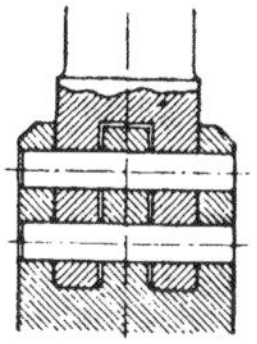

Abb. 37. Steckfußschaufel (AEG)

Schaufeln können einzeln ausgewechselt werden. Eine ähnliche Ausführung mit 3 oder 4 Zinken wird bei Turbinen der UdSSR angewendet.

Die aus dem Vollen gefrästen Gleichdruckschaufeln von BBC haben einfache Fußform, sie werden durch Niete gehalten und beiderseitig mit dem Radkörper verschweißt (Abb. 38); auch die vorspringenden Abdeckungen an den Köpfen werden miteinander verschweißt, so daß sich ein durchgehendes Deckband bildet.

Die ebenfalls aus dem Vollen gefrästen Schaufeln der Bergmann-EW sitzen reitend auf dem Radkranz (Abb. 39). Der Falz X verhindert das Aufbiegen der Gabelarme. Die Schaufeln werden bei den Ausschnitten Y eingebracht und diese durch eine der Kranzform im Ausschnitt angepaßte Schlußschaufel, die noch durch Schrauben gehalten wird, ausgefüllt.

Eine besondere Befestigungsart erfordert die radiale Elektraturbine. Die axial stehenden Schaufeln (Abb. 26)

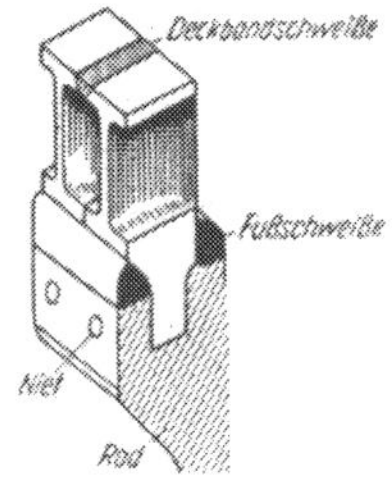

Abb. 38
Schaufelbefestigung von BBC

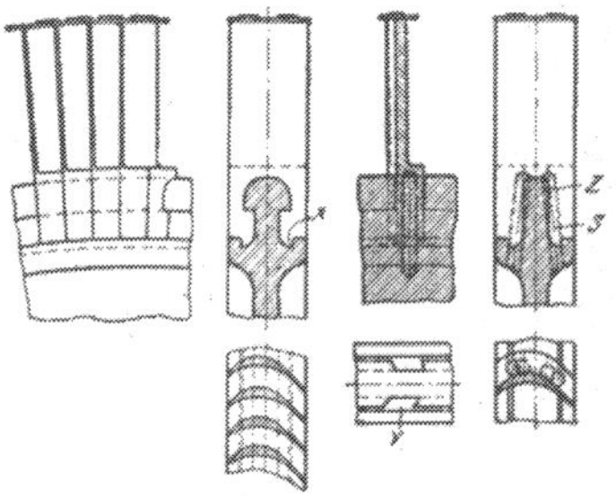

Abb. 39. Schaufel der BEW

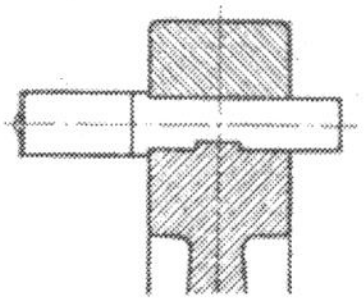

Abb. 40. Schaufelbefestigung bei Radialturbinen (KKK)

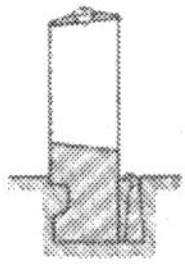

Abb. 41
Schaufelbefestigung

werden durch einen äußeren Schrumpfring gehalten, der die Fliehkraft der Schaufeln und die eigene als frei rotierender Ring aufzunehmen hat, was nur bei mäßiger Umfangsgeschwindigkeit möglich ist.

Die Befestigung der Schaufeln in den Trommeln der Überdruckturbinen wird wegen der geringeren Umfangsgeschwindigkeit meist durch einfaches Verstemmen in den nach Abb. 41, 42 und 43 ausgeführten Nuten der Trommel bewirkt, eventuell mit besonderen Stemmringen. Für höhere

Umfangsgeschwindigkeiten erfolgt die Befestigung nach Abb. 42 (SSW-Räder).

Eine eigenartige Befestigung wird in der Tschechoslowakei angewendet. Die Füße der Überdruckschaufeln werden in S-Form gebogen und durch der Form angepaßte Füllstücke *b* (Abb. 43), welche durch seitliche Ansätze in den Trommelnuten sitzen, gehalten.

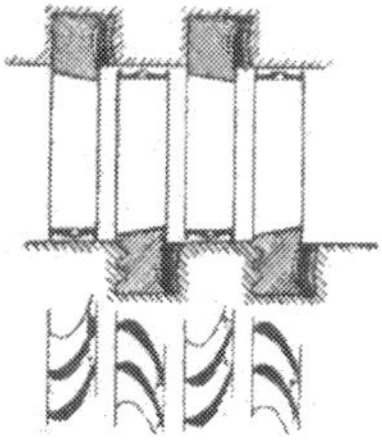

Abb. 42
Schaufelbefestigung (SSW-Röder)

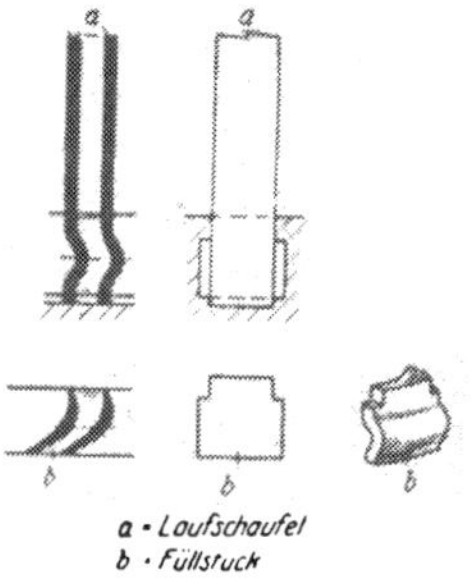

Abb. 43
Schaufelbefestigung (ČSR)

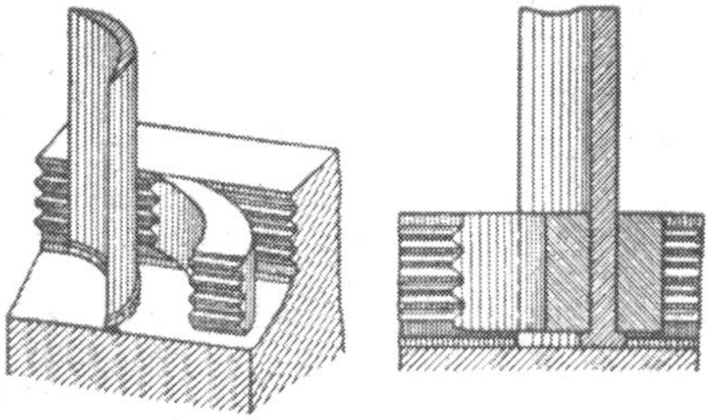

Abb. 44. Schaufelbefestigung durch T-Fuß (BBC)

Bei hohen Beanspruchungen führt BBC die Schaufeln mit T-Fuß aus, der unter die in sägeförmigen Nuten gehaltenen Füllstücke greift (Abb. 44).

Bei den radialen Überdruckturbinen (die gegenläufige Ljungströmturbine der MAN und die einläufige SSW-Turbine) werden die axial gerichteten Schaufeln in der Laufradscheibe bzw. in konzentrischen Ringen befestigt. Abb. 45 zeigt eine Ausführung der SSW.

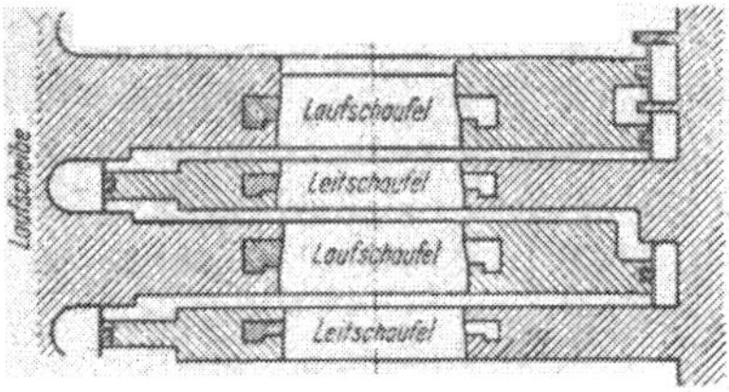

Abb. 45
Schaufelbefestigung bei Radialturbinen (SSW)

Bei großen Schaufellängen weichen die Umfangsgeschwindigkeiten am Schaufelfuß und am Kopf so stark von derjenigen im Teilkreis ab, daß die für diesen festgelegten Geschwindigkeitspläne für den Kopf und für

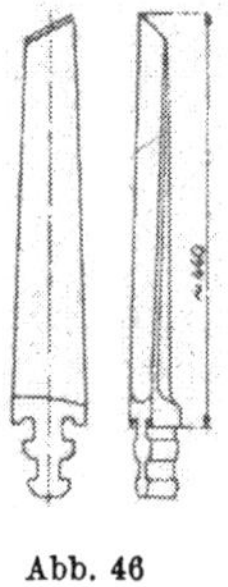

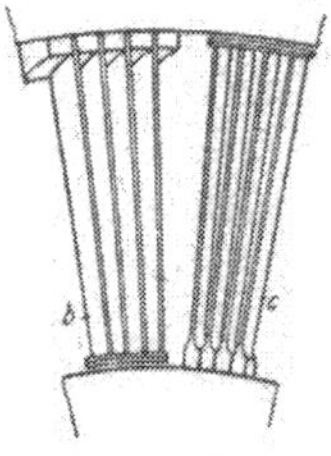

Abb. 46 Abb. 47
Schaufelform und Beschauflung bei hohen Umfangsgeschwindigkeiten

den Fuß nicht mehr gelten. Man muß die Schaufelwinkel den jeweiligen Umfangsgeschwindigkeiten anpassen, d. h. die Schaufel muß verwunden ausgeführt werden. Ferner werden solche Schaufeln zur Verringerung der Beanspruchung nicht nur mit nach dem Kopf abnehmender

Stärke, sondern auch mit abnehmender Breite ausgeführt. Abb. 46 zeigt eine solche Schaufel mit Doppelhammerfuß (ČSR) und Abb. 47 einen Teil einer Beschauflung.

3. Das Material der Schaufeln hat hohen und vielseitigen Ansprüchen zu genügen, denn es sind nicht nur Festigkeitsrücksichten maßgebend, sondern auch Schwingungen und das Verhalten im Dampf, d. h. die Einwirkungen des strömenden Dampfes und der in ihm etwa enthaltenen Beimengungen, z. B. ständiges Kochen der Kessel, unreines, salz- oder säurehaltiges Wasser (freier Sauerstoff, Kesselstein, Abbröcklungen u. a. m.).

Als Werkstoff wird verwendet:

a) Messing, als Patronenmessing aus 72% Kupfer und 28% Zink oder Messing von 63% Cu und 37% Zn; es hat den Vorteil, rostbeständig zu sein und sich leicht bearbeiten zu lassen, besitzt aber mäßige Bruchfestigkeit (gezogen 36 kg/mm², gegossen 33 kg/mm²), die mit steigender Temperatur abnimmt und über 200° Messing unverwendbar macht. Für lange Schaufeln nicht zu empfehlen wegen der Abnahme der Festigkeit bei Erschütterungen (s. u.). Wird als Weichmessing auch für Füllstücke und Versteifungsdrähte verwendet. Bleigehalt macht spröde, derselbe darf 0,1% nicht überschreiten.

b) Kupfer und andere kupferreiche Legierungen werden vielfach angewendet. Sie zeigen meist große Widerstandsfähigkeit gegen überhitzten Dampf und werden in den Hochdruckstufen der Überdruckturbinen verwendet, bei deren Kupfer auch als Bindedraht benutzt wird.

Nickelmessing mit 50% Cu, 40% Zn und 10% Ni hat gute Eigenschaften, wird für lange hochbeanspruchte Schaufeln verwendet.

Nickelkupfer mit 14% Ni-Gehalt, 72% Cu, 2% Mn, 4% Fe wird viel verwendet, hat hohe Bruchfestigkeit

(44 kg/mm²) bei hohen Temperaturen, glatte, harte Oberfläche, ist widerstandsfähig gegen chemische Einflüsse.

Monelmetall, eine in Amerika vorkommende, natürliche Legierung von ~ 67% Ni, 28% Cu ist für hohe Temperaturen und Beanspruchungen geeignet, ist widerstandsfähig gegen chemische Einflüsse. Festigkeit 55—65 kg/mm² bei 34 kg/mm² Streckgrenze und 40% Dehnung.

c) Stahl ist der meist angewendete Baustoff, überwiegend als Nickelstahl von 3—5% Ni-Gehalt und 70 kg/mm² Festigkeit; hat günstige Eigenschaften, die ihn für hohe Beanspruchungen geeignet machen. Hoher Ni-Gehalt — 25 bis 30% — hat sich nicht bewährt, da die Schaufeln vom strömenden Dampf stark angegriffen wurden; es zeigten sich Korrosionen und Brüchigkeit.

Siemens-Martin-Stahl und Werkzeugstahl haben zwar gute Festigkeit, sind aber bei feuchtem Dampf wenig widerstandsfähig; ersterer wird viel für Füllstücke verwendet.

Nichtrostender Stahl, hauptsächlich der V5M-Stahl von Krupp, mit 1% Ni, 0,5 Mn, 12—13% Cr von 75 kg/mm² Festigkeit, 57 kg/mm² Streckgrenze und 16% Dehnung ist ebensogut geeignet wie Monelmetall, billiger, aber nicht ganz so säurefest.

In neuerer Zeit sind von den Stahlwerken verschiedene hochwarmfeste legierte Stähle erschmolzen worden mit hohen Festigkeitseigenschaften. Die Legierungsbestandteile sind Cr, Mn, Mo, Ni, Si, V u. a. (s. Literatur, Bd. I).

Die Wahl des Werkstoffes hat nach seiner Eignung für die vorliegenden Betriebsverhältnisse zu erfolgen, doch sprechen auch Herstellungsrücksichten mit. Es wird vielfach für die Niederdruckstufen ein anderer Schaufelwerkstoff gewählt als für die Hochdruckstufen. Die Wahl erfordert Erfahrungen und Kenntnis der Eigenschaften des Werkstoffs.

B. Die Festigkeitsberechnung der Schaufeln

Der Schaufelquerschnitt ist durch die Fliehkraft der Schaufel und des Deckbandes auf Zug und durch den Dampfdruck auf Biegung und Drehung beansprucht. Die größte Beanspruchung erfährt der Fuß im kleinsten Querschnitt 1—1 (Abb. 48 u. 49) oder bei angeschmiedeten Füllstücken in 2—2.

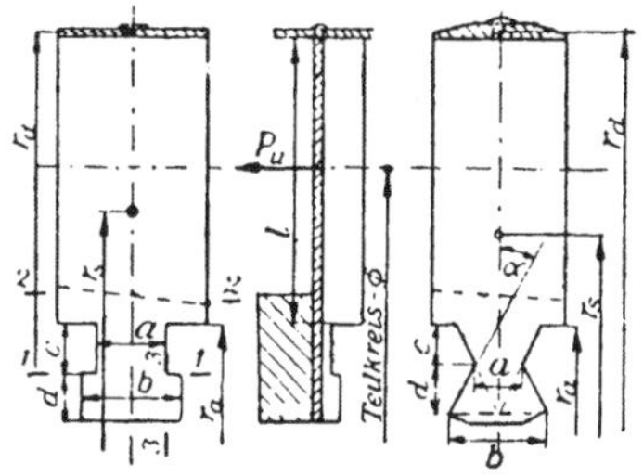

Abb. 48 Abb. 49
Schaufelberechnung

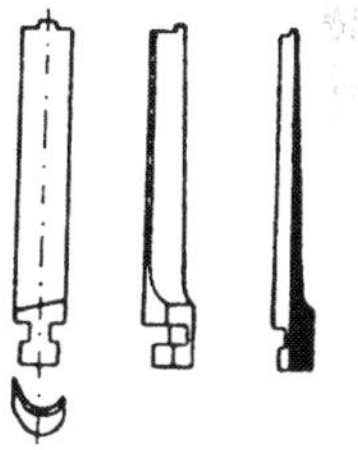

Abb. 50
Verstärkte Schaufel

1. Die Zugbeanspruchung σ_z ist, wenn f_s der kleinste Querschnitt:

$$\sigma_z = (C_d + C_s) : f_s \text{ kg/cm}^2,$$

worin

$$C_d = G_d \omega^2 r_d : g \text{ kg und } C_s = G_s \omega^2 r_s : g \text{ kg}$$

die Fliehkraft des Deckbandes bzw. des Schaufelteiles über dem gefährlichen Querschnitt, G_d bzw. G_s die Gewichte in kg, r_d bzw. r_s der Abstand des Schwerpunktes von der Radmitte und ω die Winkelgeschwindigkeit bei der höchsten Umlaufzahl n_{max} (etwa 15—20% über der Betriebsumlaufzahl), $\omega = \pi n_{max} : 30$.

1 g Schaufelgewicht ergibt im Abstande $r = 1$ m bei $n = 3000$ Uml./Min. eine Fliehkraft von rund 5 kg, also das 5000fache des Gewichtes.

Die Einfräsungen in den Füßen müssen im Grunde gute Hohlkehle erhalten, um die gefährliche Kerbwirkung zu vermeiden.

Um die Fliehkraft der Schaufel zu verringern, führt man diese von etwa 50 mm freier Länge an als Körper gleicher Festigkeit aus, d. h. mit nach dem Fuße hin zunehmender Stärke (Abb. 50). Den Verlauf der Fliehkraft und der Materialbeanspruchung dieser Schaufeln zeigt Abb. 51 im Vergleich zu den Schaufeln mit unveränderlicher Stärke (Abb. 52).

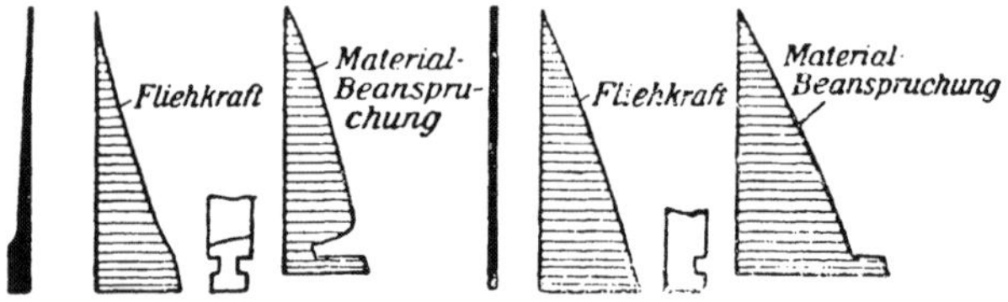

Abb. 51 Abb. 52

Fliehkraft und Materialbeanspruchung der Laufschaufeln

Die Zäpfchen an den Schaufelenden müssen die Fliehkraft des Deckbandes, je von der Länge einer Teilung, aufnehmen und sind ebenfalls auf Zug zu berechnen.

Neuerdings werden zur Herabsetzung der Beanspruchung durch die Fliehkraft die Schaufeln von großer Länge auch mit nach außen abnehmender Breite ausgeführt, wie Abb. 46 und 47, S. 64 zeigen.

Der Fuß wird im Querschnitt 3—3 (Abb. 48) noch auf Abscherung beansprucht:

$$\sigma_s = (C_d + C_s) : 2\, f_3 \text{ kg/cm}^2,$$

wenn f_3 der Querschnitt 3—3 in cm². Die Schubbeanspruchung soll bei S.-M.-Stahl 800—1000 und bei Ni-Stahl 1200 kg/cm² nicht überschreiten.

2. Die Biegungsbeanspruchung σ_b wird hervorgerufen durch die Resultierende P_r von Dampf- und Reibungsdruck (Abb. 53), die ein Biegungsmoment

$$M_b = P_r \cdot l/2 \text{ kgm}$$

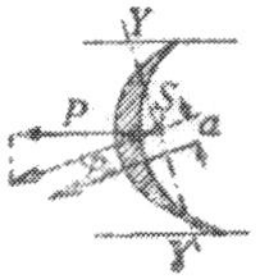

Abb. 53
Biegungskräfte

erzeugt, wenn l die freie Schaufellänge in m (Abb. 48). Die Richtung von P_r kann ungefähr senkrecht zur Trägheitshauptachse $Y-Y$ angenommen werden. Die Größe von P_r kann einfach angenähert ermittelt werden durch Zerlegen der auf jede Schaufel wirkenden Umfangskraft P in P_r, und eine axiale Komponente P_a. P ist seinerseits aus der die gesamte Stufenleistung übertragenden Umfangskraft P_u unter Berücksichtigung der Zahl z_s der übertragenden (beaufschlagten) Schaufeln zu ermitteln.

Ist u die Umfangsgeschwindigkeit und L_u die aus dem Geschwindigkeitsplan ermittelte Leistung für 1 kg, so ist

$$P_u \cdot u = L_u G_{\text{sek}} \text{ kgm/s und } P_u = L_u G_{\text{sek}} : u \text{ kg.}$$

Mit z als Anzahl der Leitkanäle und deren Teilung t folgt die Zahl z_s der übertragenden Schaufeln, deren Teilung t_s ist:

$$z_s = zt : t_s \text{ und } P = P_u : z_s = L_u G_{\text{sek}} : u z_s \text{ kg.}$$

Ist W das Widerstandsmoment in bezug auf die Achse $Y-Y$, das aus dem Profil ermittelt werden muß, so folgt aus

$$M_b = P_r l : 2 = W \sigma_b$$

die Biegungsbeanspruchung

$$\sigma_b = P_r l : 2\, W \text{ kg/cm}^2.$$

3. Die Gesamtbeanspruchung σ ist unter Vernachlässigung der wegen des meist sehr kleinen Hebelarmes a unbedeutenden Drehbeanspruchung, die zudem durch die Abdeckung vermindert wird,

$$\sigma = \sigma_z + \sigma_b \text{ kg/cm}^2.$$

wobei

σ bis zu 1000 kg/cm² für S.-M.-Stahl

und

σ bis zu 1500 kg/cm² für Ni-Stahl

werden darf.

Ferner darf die Flächenpressung zwischen Fuß und Nut, hervorgerufen durch die Fliehkraft des Deckbandes und der ganzen Schaufel, 1500 kg/cm² bei S.-M.-Stahl und 2000 kg/cm² bei Nickelstahl (auch das Laufrad) nicht überschreiten; dazu muß die Auflagefläche genügend groß sein, was nötigenfalls durch Ausführung von Schaufel und Füllstück als Ganzes erreicht wird.

Für die Haltbarkeit der Schaufeln im Betriebe genügt die Festigkeitsberechnung allein nicht, wenn sie auch eine unerläßliche Norm gibt für die Bemessung; es treten noch Erscheinungen auf, die nicht vorauszubestimmen sind, aber von großem Einfluß auf die Haltbarkeit sein können. Hierzu gehören die Schwingungen und Vibrationen der Schaufeln, hervorgerufen durch den, infolge der Unterbrechung des vollen Strahles durch die Stege und Schaufelstärke der Leitvorrichtung, rhythmisch auf die Schaufeln treffenden Dampfstrahl, besonders bei langen Schaufeln. Harmoniert zufällig die Schwingungszahl mit der Umlaufzahl, so kann infolge der verstärkten Wirkung in kurzer Zeit Bruch eintreten durch Überbeanspruchung oder durch Anstreifen an die feststehenden Teile.

Zur Vermeidung gefährlicher Schwingungen müssen deshalb die Schaufeln genügende Versteifungen erhalten, und zwar dienen dazu die bereits erwähnten Deckbänder (Bandagen) und Bindedrähte. Letztere müssen sehr sorgfältig und genügend stark ausgeführt werden, wozu reichlich Erfahrung gehört.

Um das Anstreifen bei Wärmedehnung, besonders bei überhitztem Dampf und bei etwa eintretender geringer Verschiebung der rotierenden Teile gegenüber den feststehenden, sicher zu vermeiden, müssen die axialen und radialen Spiele genügend bemessen werden. Letztere können gering gehalten werden durch die „atmenden Einbauten“ nach Prof. Röder (s. S. 1C9).

Beispiel. Es sei $n = 3000$ Uml./Min., Teilkreisdurchmesser $d = 1{,}3$ m, Schaufellänge $l = 200$ mm, deren Zahl $z = 360$, das Schaufelgewicht $G_s = 200$ g mit Füllstück, das Gewicht des Deckbandes 0,4 kg/lfd. Meter. Die Abmessungen des Fußes bei 25 mm Schaufelbreite seien mit Bezug auf Abb. 48 $a = 12$ mm, $b = 20$ mm, $c = d = 10$ mm; der Abstand des Schwerpunktes der Schaufel vom Teilkreis sei 40 mm, also $r_s = 0{,}65 - 0{,}04 = 0{,}61$ m.

Teilung des Deckbandes

$$t_d = \pi\,(1300 + 200) : 360 = 13{,}1 \text{ mm},$$

also Gewicht je Schaufel

$$G_d = 0{,}4 \cdot 0{,}0131 = 0{,}00525 \text{ kg} = 5{,}25 \text{ g},$$

$$n_{\max} = n + 10\% = 3300$$

und

$$\omega = \pi \cdot 3300 : 30 = 345;\; \omega^2 = 119000;\; r_d = 0{,}75 \text{ m},$$

$$C_d = G_d\,\omega^2\,r_d : 9{,}81 = 0{,}00525 \cdot 119000 \cdot 0{,}75 : 9{,}81 = 48 \text{ kg}.$$

Schaufelgewicht bis 1—1 (Abb. 48) 185 g, somit

$$C_s = G_s\,\omega^2\,r_s : 9{,}81 = 0{,}185 \cdot 119000 \cdot 0{,}61 : 9{,}81 = 1370 \text{ kg}.$$

Die Teilung im Querschnitt 1—1 ist

$$t = \pi\,1080 : 360 = 9.42 \text{ mm},$$

somit der Querschnitt

$$f_s = 0{,}942 \cdot 1{,}2 = 1{,}13 \text{ cm}^2$$

und

$$\sigma = (48 + 1370) : 1{,}13 = 1250 \text{ kg/cm}^2.$$

Es sei die Leistung der betrachteten Stufe

$$N_i = 1000 \text{ PS}_i, \text{ also } 1000 \cdot 75 \text{ mkg/s} = P_u \cdot u,$$

und da

$$u = \pi \cdot 1{,}3 \cdot 3000 : 60 = 205 \text{ m/s}.$$

so ist

$$P_u = 1000 \cdot 75 : 205 = 365 \text{ kg}$$

und bei voller Beaufschlagung die Umfangskraft einer Schaufel

$$P = 365 : 360 = 1{,}01 \text{ kg}.$$

Die biegende Kraft P_r ergibt sich durch die Zerlegung (Abb. 53, S. 69) zu etwa 1,2 kg und das Biegungsmoment

$$M_b = 1{,}2 \cdot 0{,}1 = 0{,}12 \text{ mkg} = W \cdot \sigma_b,$$

woraus mit $W = 0{,}04 \text{ cm}^3$

$$\sigma_b = 0{,}12 : 0{,}04 = 3 \text{ kg/cm}^2,$$

also vernachlässigbar klein. Wegen der hohen Zugbeanspruchung müßte Ni-Stahl gewählt werden.

Die Flächenpressung am Fuß beträgt durch die Fliehkraft der ganzen Schaufel

$$C = 0{,}2 \cdot 119000 \cdot 0{,}61 : 9{,}81 = 1480 \text{ kg}$$

bei einer Auflagerfläche $f = 2 \cdot 0{,}4 \cdot 0{,}942 = 0{,}75 \text{ cm}^2$

$$k = 1480 : 0{,}75 = 1975 \text{ kg/cm}^2.$$

Die Schubbeanspruchung ist

$$1480 : (2 \cdot 1 \cdot 0{,}942) = 785 \text{ kg/cm}^2.$$

II. Die Laufräder

A. Die Berechnung der Laufräder

Um bei der hohen Beanspruchung der Laufradscheiben, die neuerdings bis an die Grenzen des Zulässigen geht, einerseits genügend Festigkeit zu erhalten, andererseits Materialverschwendung zu vermeiden, muß der Bemessung die Berechnung zugrunde gelegt werden. Die genaue Berechnung ist jedoch umständlich und geht von gewissen Voraussetzungen aus, die praktisch nicht immer zutreffen, sie gibt aber einen guten Einblick in die Festigkeitsverhältnisse und ist bei sehr hoher Umfangsgeschwindigkeit unerläßlich. Genaue Untersuchungen sind von Stodola[1]) und von Grübler[2]) durchgeführt. Man kann entweder die Scheiben-

[1]) Die Dampf- und Gasturbinen. Springer, Berlin 1925.
[2]) Z. d. V. D. I. 1906, S. 535.

abmessungen annehmen und die Spannungen ermitteln oder die Spannungen und damit die Abmessungen an einer Stelle der Scheibe vorschreiben und die Scheibenform ermitteln.

Auf Grund dieser Untersuchungen kann man häufig für die Praxis Vereinfachungen vornehmen und die Berechnung auf die am meisten beanspruchten Stellen beschränken, wie im folgenden durchgeführt. Für genauere Berechnung und stark abweichende Formen sei auf die einschlägige Literatur verwiesen. Auch andere Berechnungsmethoden werden angewendet, nach Holzer[1]), Dr. H. Keller[2]) und Donath[3]).

Bei ähnlichen Schreiben kann angenommen werden, daß sich die Beanspruchungen angenähert wie die Quadrate der Umfangsgeschwindigkeiten verhalten.

Es treten in der Scheibe Radial- und Tangentialspannungen auf, die unter dem zulässigen Wert bleiben müssen und zum Teil durch die rotierenden Massen der Scheibe bzw. des Kranzes, zum anderen Teil durch die Fliehkraft der Beschauflung hervorgerufen werden.

Die Berechnung beruht auf dem Gesetz des Gleichgewichtes der Kräfte am Massenelement in Verbindung mit dem Grundgesetz der Elastizität.

1. Der Kranz muß die Beschaufelung aufnehmen und erhält somit eine entsprechende Nut, welche auch die äußere Form beeinflußt, da die Abmessungen a, b, d (Abb. 54 u. 55) durch die Festigkeitsberechnung der Schaufel festgelegt sind.

In Abb. 54 wird Schnitt 1—1 auf Zug und auf Biegung beansprucht: auf Zug durch die Fliehkraft der Schaufelung und durch den Kranzteil oberhalb 1—1, auf Biegung durch die Fliehkraft der Schaufelung und des Kranzteiles links des Schnittes 2—2 mit dem Hebelarm h. Der Schnitt 2—2 wird auf Abscherung beansprucht. In Abb. 54 wirkt die

---

[1]) Z. f. d. ges. Turbw. 1913, S. 401 und 1915, S. 4.

[2]) Schweizer Bauztg. 1909, Bd. 54, S. 307.

[3]) Die Berechnung rotierender Scheiben und Ringe. Springer, Berlin 1930.

Komponente N der Fliehkraft der Schaufelung und eines ganz kleinen Kranzteiles auf Biegung in den Schnitten 1—2, 1—3 und 1—4 und der Teil oberhalb 1—3 auf Zug. Ist C die gesamte Fliehkraft der Schaufelung, so ist nach Abb. 55 die wirkende Komponente

$$N = C : 2 \sin \alpha.$$

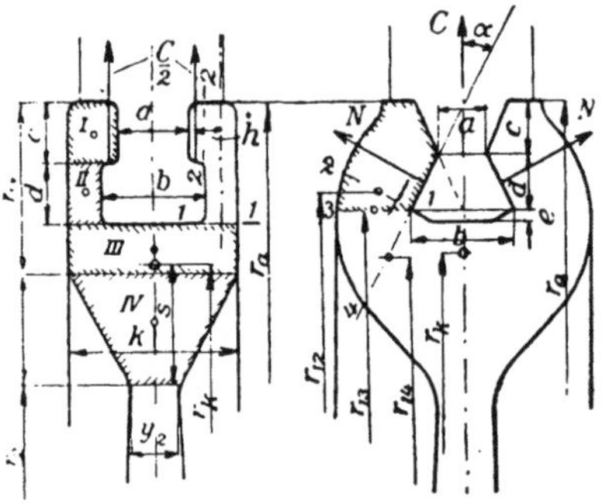

Abb. 54 Abb. 55

Berechnung der Kranzabmessungen

Zweckmäßig wird die Fliehkraft auf 1 cm Umfang des betrachteten Querschnittes bezogen. Die Form des Kranzes nach der Scheibe zu ergibt sich aus dem schlanken Übergang in die durch die Scheibe bedingte Stärke y_2.

Beispiel 1. Es sei nach Abb. 54 $a = 10$, $b = 15$, $c = d = 7$ mm, $k = 24$ mm bei einem Teilkreisdurchmesser $D = 1{,}9$ m und $n = 1500$ Umdr./Min.; das Gewicht einer der 500 Schaufeln mit Füllstück und Deckband = 55 g, der Schwerpunktabstand von Fußunterkante 26 mm; $r_a = 92$ cm. Dann ist $r_s = 92 + 1{,}3 = 93{,}3$ cm und bei 15% Tourenerhöhung $\omega = 1{,}15 \cdot 1500 \cdot \pi/30 = 180{,}5$ und $\omega^2 = 32850$. Somit die Fliehkraft

$$C_s = m\, r_s \omega^2 = 0{,}055 \cdot 32580 \cdot 0{,}933 : 9{,}81 = 170 \text{ kg};$$

auf 1 cm Länge des Schnittes 1—1 bezogen ($r = 90{,}6$ cm)

$$C = {}^1/_2\, C_s\, 500 : 2\pi\, 90{,}6 = 75 \text{ kg}.$$

Auf Biegung wirkend, kommt dazu noch der Teil I, Abb. 54, vom Gewicht $G_1 = 0{,}7 \cdot 0{,}25 \cdot 1 \cdot 8{,}4 = 1{,}48$ g $= 0{,}00148$ kg mit

$$C_1 = 0{,}00148 \cdot 32580 \cdot 0{,}9165 : 9{,}81 = \sim 5 \text{ kg}.$$

Dann ist die Beanspruchung σ_b aus dem Biegungsmoment ($h = 0{,}35$ cm)

$$M_b = (75 + 5) \cdot 0{,}35 = W \sigma_b,$$

mit $W = 0{,}45^2 \cdot 1 : 6 = 0{,}0337$ cm³ ist

$$\sigma_b = 80 \cdot 0{,}35 : 0{,}0337 = 831 \text{ kg/cm}^2.$$

Auf Zug wirkt neben den Kräften C und C_1 noch das Gewicht $0{,}45 \cdot 1{,}4 \cdot 1 \cdot 8{,}4 = 5{,}3$ g mit der Fliehkraft gleich

$$0{,}0053 \cdot 32580 \cdot 0{,}913 : 9{,}81 = 16 \text{ kg},$$

und die Zugbeanspruchung ist, da der Querschnitt $= 0{,}45 \cdot 1$,

$$\sigma_z = (75 + 5 + 16) : 0{,}45 = 213 \text{ kg/cm}^2.$$

Somit die Gesamtbeanspruchung

$$\sigma_b + \sigma_z = 831 + 213 = 1044 \text{ kg/cm}^2.$$

Beispiel 2. Es sei nach Abb. 55 $a = 7$, $b = 14$, $c = 6$, $d = 7$ mm, der Teilkreisdurchmesser $= 1{,}2$ m, $n = 3000$ mit 15% Erhöhung, 315 Schaufeln, deren Gewicht mit Füllstück und Deckband 42 g, der Schwerpunktabstand vom Teilkreis 11 mm; ferner sei $r_a = 58{,}6$ cm, $r_{12} = 57{,}6$ cm, $r_{13} = 57{,}35$ cm u. $r_{14} = 56{,}65$ cm; die Kranzstärke 1—2 12 mm, 1—3 13 mm und 1—4 15,5 mm, $\alpha = 26^0\,30'$. Dann ist die Fliehkraft der Schaufelung ($\omega = 1{,}15 \cdot 3000 \cdot \pi/30 = 361$ und $\omega^2 = 130321$) für eine Schaufel

$$C_s = 0{,}042 \cdot 130321 \cdot 0{,}589 : 9{,}81 = 325 \text{ kg}$$

und die Normalkraft auf 1 cm Umfang auf r_{12}

$$N = \frac{C_s \cdot 315}{2 \sin \alpha \cdot 2\pi \cdot 57{,}6} = 317 \text{ kg}.$$

Damit sind die Beanspruchungen:

Schnitt 1—2. Hebelarm = 0,5 cm.

$$M = 317 \cdot 0{,}5 = W\sigma_b,$$

und mit $W = 1 \cdot 1{,}2^2 : 6 = 0{,}24$ cm³ ist

$$\sigma_b = 317 \cdot 0{,}5 : 0{,}248 = 628 \text{ kg/cm}^2.$$

Schnitt 1—3. Fliehkraft auf 1 cm Umfang $= 317 \cdot 59{,}6 : 57{,}35 = 318$ kg; Hebelarm = 0,8 cm.

$$W = 1 \cdot 1{,}3^2 : 6 = 0{,}282 \text{ cm}^3;$$
$$\sigma_b = 318 \cdot 0{,}8 : 0{,}282 = 900 \text{ kg/cm}^2.$$

Schnitt 1—4. Fliehkraft auf 1 cm Umfang $= 317 \cdot 59{,}6 : 56{,}65 = 323$ kg; Hebelarm = 1,25 cm.

$$W = 1 \cdot 1{,}55^2 : 6 = 0{,}40 \text{ cm}^3;$$
$$\sigma_b = 323 \cdot 1{,}25 : 0{,}4 = 1000 \text{ kg/cm}^2.$$

2. Die Scheibe hat außer der eigenen Fliehkraft noch die Beanspruchung durch den Kranz aufzunehmen, da dieser sich bei den vorkommenden Umfangsgeschwindigkeiten nicht selbst tragen kann. Für genaue Berechnungen sei auf die S. 73 erwähnte Literatur verwiesen, hier sei nur eine sich auf die Berechnung von Stodola stützende Vereinfachung angeführt, der die Scheibe gleicher Festigkeit zugrunde gelegt ist, d. h. gleiche Tangential- und Radialspannungen in allen Teilen der Scheibe.

Die Stärke der Scheibe am Übergang in den Kranz ist außer durch Festigkeit noch durch praktische Gesichtspunkte bedingt: Durchbiegen bei der Bearbeitung, Verziehen beim Aufspannen, Flattern im Betriebe, besonders bei Teilbeaufschlagung u. a., die eine größere Stärke y_2 (Abb. 54) erfordern, als sie die Festigkeit allein ergibt.

Nach Annahme der Dicke y_2 kann die Spannung in der Scheibe ermittelt werden aus der Beziehung:

$$\sigma = \frac{\mu\omega^2 f_k r_k^3 + p r_3^2}{(1-\nu)\, r_2 f_k + r_2 y_2 r_k} \text{ kg/cm}^2 \,, \tag{31}$$

worin f_k der Kranzquerschnitt in cm², p die Fliehkraft der Schaufeln auf 1 cm Umfang bezogen, $\mu = y : g$ die spez. Masse des Materials (kg/cm² : 981), $\nu = 1/m$ das Verhältnis der Querkontraktion zur Längendehnung (für Eisen und Stahl $\nu = 0{,}3$), r_k der Schwerpunktradius des Kranzes, r_3 der Radius, an dem die Fliehkraft der Schaufelung angreift und die übrigen Bezeichnungen nach Abb. 56.

Für Scheiben gleicher Festigkeit gilt nun die aus der Gleichgewichtsbedingung abgeleitete Beziehung für die Scheibendicke y_a in der Wellenmitte:

$$y_a = y_2 e^{\frac{\mu\omega^2}{2\sigma_2} r_2^2} \,. \tag{32}$$

Soll die Scheibenstärke an einer anderen Stelle, z. B. auf dem Radius r_1, ermittelt werden, so kann man setzen

(33) $$y_1 = y_2 e^{\frac{\mu\omega^2}{2\sigma_s}(r_2^2 - r_1^2)}.$$

Wird die Scheibe mit anderer Dicke ausgeführt, so ändert sich natürlich die Spannung. Bei nicht zu starker Änderung der Dicke kann die Spannung angenähert aus Gl. (33) ermittelt werden, aus der folgt

$$\lg \frac{y_1}{y_2} = \frac{\mu\omega^2}{2\sigma}(r_2^2 - r_1^2) \lg e,$$

oder

(34) $$\sigma = 0{,}434 \frac{\mu\omega^2 (r_2^2 - r_1^2)}{2 \lg y_1/y_2} \text{ kg/cm}^2.$$

Zwischen den ermittelten Abmessungen y_2 und y_1 bzw. y_a wird die Begrenzung meist geradlinig angenommen, obgleich die gleiche Festigkeit eine etwas andere Form ergibt.

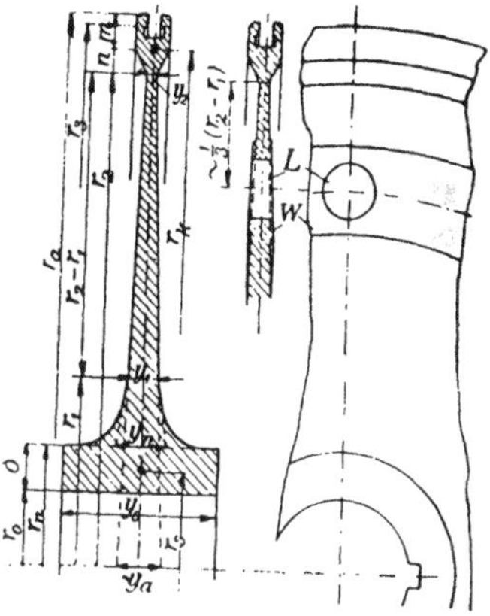

Abb. 56. Berechnung der Radscheiben

Die radiale Ausdehnung ist

(35) $$\xi = \frac{1 - v}{E} \sigma r.$$

Der Übergang der Scheibe in die Nabe muß mit guter Ausrundung erfolgen (Abb. 57).

Die Spannung in der Scheibe an der Nabe — in r_n (Abbildung 56) — kann angenähert aus Gl. (34) bestimmt werden, nach Einsetzen der entsprechenden Werte.

Beispiel. Es seien dieselben Verhältnisse und Abmessungen angenommen, wie in Beispiel 1, S. 74, ferner nach Abb. 56 $m = 20$ mm, $n = 25$ mm, $y_2 = 8$ mm, $r_2 = 87{,}5$ cm und $r_1 = 26{,}5$ cm. Der Kranzquerschnitt ist (Abb. 54)

$$f_k = 2f_1 + 2f_2 + f_3 + f_4 = 2 \cdot 7 \cdot 7 + 2 \cdot 7 \cdot 4{,}5 + 6 \cdot 24$$
$$+ 25 \cdot (24 + 8) : 2 = 98 + 63 + 144 + 400 = 705 \text{ mm}^2,$$
$$f_k = 7{,}05 \text{ cm}^2.$$

Der Schwerpunktsabstand s kann aus der Summe der Flächenmomente in bezug auf r_2, die gleich sein muß dem Moment der ganzen Fläche, gefunden werden:

$$2 \cdot f_1 \cdot (16{,}5 + 25) + 2 \cdot f_2 \cdot (9{,}5 + 25) + f_3 \cdot 28 + f_4 \cdot 14{,}6 = f_k \cdot s.$$

woraus

$$s = \frac{98 \cdot 41{,}5 + 63 \cdot 3{,}45 + 144 \cdot 28 + 400 \cdot 14{,}6}{705}$$
$$\cong 22{,}9 \text{ mm} = 2{,}29 \text{ cm}.$$

Somit

$$r_k = r_2 + s = 87{,}5 + 2{,}29 \cong 89{,}8 \text{ cm}.$$

Die Fliehkraft einer Schaufel war 170 kg, also auf 1 cm Umfang ($r_3 = 91{,}3$ cm) bezogen,

$$p = \frac{170 \cdot 500}{\pi \cdot 91{,}3 \cdot 2} = 148 \text{ kg}.$$

Mit $\omega^2 = 32580$ und $\mu = \gamma/g = 0{,}0084 : 981$ und $\nu = 0{,}3$ wird $\mu\omega^2 = 0{,}279$ und nach Gl. (44)

$$\sigma_2 = \frac{0{,}279 \cdot 7{,}05 \cdot 89{,}8^3 + 148 \cdot 91{,}3^2}{0{,}7 \cdot 87{,}5 \cdot 7{,}05 + 0{,}8 \cdot 87{,}5 \cdot 89{,}8} = 400 \text{ kg/cm}^2.$$

Wird die Scheibe mit gleicher Festigkeit ausgeführt, so müßte nach Gl. (33) die Dicke y_1 (Abb. 56) werden

$$y_1 : y_2 = e^{\frac{\mu\omega_2}{2\sigma_2}(r_2^2 - r_1^2)} = e^{\frac{0{,}279}{2 \cdot 400}(87{,}5^2 - 26{,}5^2)} = e^{\frac{0{,}279 \cdot 6954}{800}},$$
$$\log y_1/y_2 = 0{,}434 \cdot 0{,}279 \cdot 69{,}54 : 8 = 1{,}053,$$
$$y_1/y_2 = 11 \text{ und } y_1 = 8 \cdot 11 = 88 \text{ mm}.$$

Würde die Scheibe aber nur mit $y_1 = 25$ mm ausgeführt, so wäre die Spannung angenähert nach Gl. (34)

$$\sigma_1 = 0{,}434 \frac{0{,}279 \cdot 6954}{2 \log 25/8} = 847 \text{ kg/cm}^2.$$

Bei Herstellung des Läufers aus dem Vollen werden die Scheiben mit gleicher Stärke ausgeführt.

3. Die Nabe ist ein Ring von geringer radialer Dicke δ; außen wirkt die radiale Scheibenspannung σ_{r_n} und auf dem Umfang der Nabenbohrung die Spannung σ_0, die im Betriebe um die durch die Fliehkraft hervorgerufene Spannung kleiner ist als die „Montagespannung“ p_0, mit der das Rad auf die Welle aufgezogen werden muß (s. S. 82). Dann ist die Tangentialspannung (Abb. 56)

$$(36) \qquad \sigma_{t_0} = (\sigma_{r_n} y_n r_n + \mu\omega^2 y_0 \delta r_s^2 + y_0 \sigma_0 r_0) : y_0 \delta \text{ kg/cm}^2$$

und die radiale Ausdehnung

$$(37) \qquad \xi_0 = \sigma_{t_0} r_s : E \text{ cm}.$$

Andererseits war die Ausdehnung der Scheibe nach Gl. (35)

$$\xi = \frac{1 - v}{E} \sigma r,$$

und für die Scheibe gleicher Festigkeit wäre $\sigma = \sigma_{r_n}$; beide Ausdehnungen müssen, da sie derselben Scheibe angehören, gleich sein. Nimmt man δ, r_0, r_s und r_n an, so kann daraus y_0 bestimmt werden. Meist wird y_0 konstruktiv in engeren Grenzen festgelegt sein, dann ermittelt man σ_{t_0} und muß nötigenfalls δ ändern.

Falls die Scheibe von derjenigen gleicher Festigkeit wenig abweicht, kann σ_{r_n} dazu aus Gl. (34) ermittelt werden.

Obige Berechnung gilt genau genommen nur bei kleiner Dicke δ im Verhältnis zu r_s. Bei starker Nabe bzw. kleiner Bohrung muß, falls die Beanspruchung an sich hoch ist, genauer gerechnet werden, was hier zu weit führen würde.

Beispiel: Es sei aus dem Beispiel S. 77 $y_1 = 25$ mm, $r_1 = 26{,}5$ cm, $\sigma_1 = 847$ kg/cm², ferner $r_n = 21{,}5$ cm, $r_0 = 17{,}0$ cm, $y_0 = 130$ mm; von r_1 bis r_n (Abb. 56) sei die Scheibe auf $y_n = 45$ mm verstärkt, dann ist in r_n nach Gl. (34)

$$\sigma_n = \frac{0{,}434 \cdot 0{,}279\,(26{,}5^2 - 21{,}5^2)}{2 \lg 45/25} = 570 \text{ kg/cm}^2.$$

Es sei $\sigma_0 = 50\ \mathrm{kg/cm^2}$ angenommen, dann ist die Tangentialspannung

$$\sigma_{t_0} = (570 \cdot 4{,}5 \cdot 21{,}5 + 0{,}279 \cdot 13 \cdot 4{,}5 \cdot 19{,}25^2 + 13 \cdot 50 \cdot 17) : (13 \cdot 4{,}5)$$
$$= (55000 + 5900 + 11100) : 58{,}5 = \mathbf{1230}\ \mathrm{kg/cm^2}$$

und die radiale Ausdehnung

$$\xi_0 = 1230 \cdot 19{,}25 : 2200000 = 0{,}0107\ \mathrm{cm} = 0{,}107\ \mathrm{mm}.$$

Bei dieser hohen Beanspruchung würde es sich empfehlen, die Nabe zu verstärken und sie genauer durchzurechnen.

B. Die Ausführung der Laufräder

1. Das **Material** der Laufräder ist Stahl in verschiedenen Arten. Flußeisen wird höchstens für ganz niedrige Umfangsgeschwindigkeiten angewendet. Für mäßige Beanspruchungen wird Martinstahl verwendet von etwa 52 bis 60 kg/mm² Festigkeit, 30 kg/mm² Streckgrenze und 18% Dehnung; für höhere Beanspruchungen — etwa über 200 m/s Umfangsgeschwindigkeit — wird ein Martinsonderstahl von 55—60 kg/mm² Festigkeit, 30 kg/mm² Streckgrenze und 30% Dehnung verwendet und bei den höchsten Beanspruchungen, die zu starke und schwere Radscheiben erfordern würden, kommt ein Spezial-Martinstahl bzw. Nickelstahl oder Chromnickelstahl von 60 bis 75 kg/mm² Festigkeit, 35 bzw. 50 bzw. 60 kg/mm² Streckgrenze und 18 bzw. 15 bzw. 13% Dehnung in Frage. Es ist jedoch stets die Abnahme der Festigkeit bei der vorliegenden Temperatur zu beachten. Stähle von noch höherer Festigkeit haben geringe Dehnung und sind für Turbinenräder nicht geeignet.

2. Die **Herstellung** der Radscheiben muß sehr sorgfältig sein, denn vorhandene Spannungen rufen leicht ein Verziehen hervor. Die Radscheiben werden nach dem Schmieden oder Pressen vorgedreht und geglüht, nach weiterer Bearbeitung noch mehrmals geglüht, um sie spannungs-

frei zu machen. Auch die Bearbeitung erfordert Sorgfalt, besonders das Aufspannen der Scheiben auf der Drehbank. Die Form des Laufrades kann verschieden sein. Die Form des Kranzes ergibt sich aus der Art des Schaufelfußes; die Scheibe erhält hyperbolische oder Trapezform oder die Form gleicher Festigkeit. Erstere Form eines Laufrades mit drei Kränzen zeigt Abb. 57, ein zweikränziges Rad Abb. 58 für hohe Drehzahl und Abb. 59 ein hochbeanspruchtes Laufrad

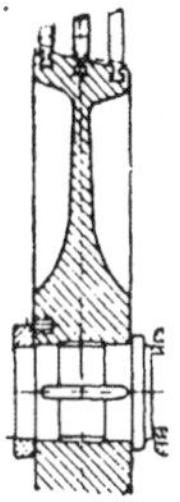

Abb. 57
Dreikränziges Rad

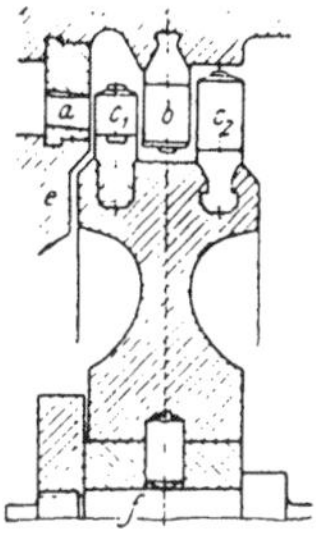

Abb. 58
Zweikränziges Rad

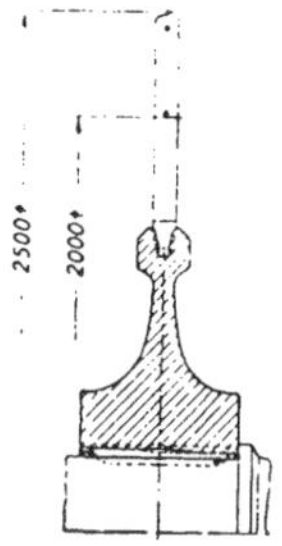

Abb. 59
Hochbeanspruchtes Rad

(AEG) von 2 m Teilkreisdurchmesser bei 3000 Umdr./Min. und 500 mm langen Schaufeln mit Tannenzapfenfuß.

In neuerer Zeit wird der ganze Läufer — Welle mit Laufrädern — auch aus dem Vollen ausgeführt (s. Abb. 72), und zwar bis 1000 mm Durchmesser.

Die geringste Scheibenstärke y_2 wird wohl nicht unter 8 mm ausgeführt, da sonst ein Durchbiegen bei der Bearbeitung und beim Transport zu befürchten ist.

Zum Ausgleich des durch die saugende Wirkung des Dampfstrahles entstehenden Druckunterschiedes zu beiden Seiten der Radscheibe, der einen Axialschub hervorrufen würde, werden die Scheiben vielfach mit 4—8 Ausgleichlöchern L versehen von 50 bis 100 mm Durchmesser

(Abb. 56), die etwa ein Drittel der Strecke zwischen Kranz und Nabe vom Kranz entfernt sitzen. Wegen der Schwächung der Scheibe durch die Löcher wird sie durch beiderseitige Wulst *W* von 1,5 bis 2 mm Stärke verstärkt.

3. Die Befestigung der Laufräder auf der Welle muß, wie bereits erwähnt, mit einer gewissen Montagespannung p_0

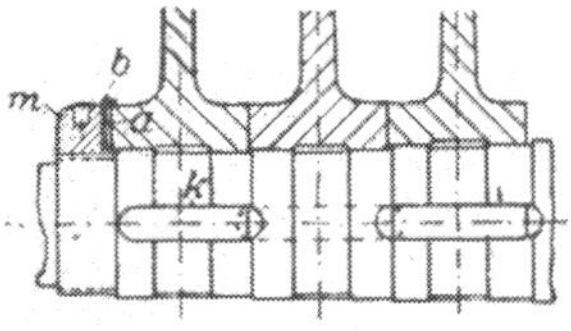

Abb. 60

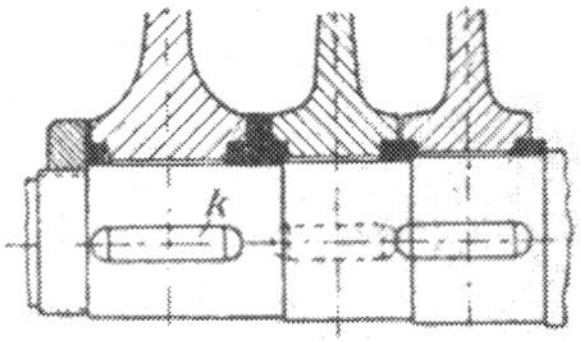

Abb. 61

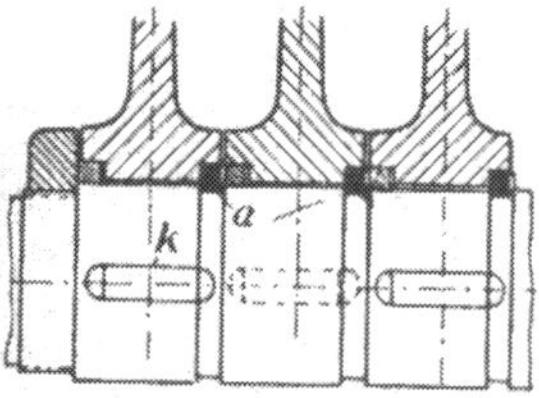

Abb. 62

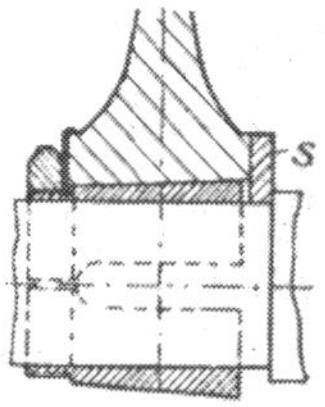

Abb. 63

Befestigung der Laufräder

erfolgen, damit durch die Dehnung im Betriebe kein Lockerwerden eintritt, vielmehr noch eine Spannung σ_0 verbleibt. Deswegen werden die Laufräder aufgepreßt, entweder direkt auf die Welle, die des leichteren Aufbringens wegen mit Absätzen von $\frac{1}{2}$ bis 1 mm im Durchmesser ausgeführt wird (Abb. 60), oder auf besondere Ringe, die geschlitzt sind und zwischen Nabe und Welle hydraulisch hineingedrückt werden (Abb. 61 und 62), was den Vorteil leichterer Demontage und besseren Einpassens hat. Die berührenden Flächen werden sauber geschliffen. Auch Anwärmen der Nabe zum

Aufbringen der Räder wird angewendet, hat aber den Nachteil, daß leicht ein Verziehen der Scheibe eintreten kann. Um die Montagespannung p_0 zu erhalten, muß der Durchmesser der Welle bzw. der Ringe (außen) um den Betrag der Dehnung bei der Spannung p_0 nach Gl. (35) größer sein als die betreffende Bohrung der Nabe. Bei der Befestigung direkt auf der Welle wird noch eine Mutter *m* auf die Welle geschraubt und der Wärmedehnung wegen zwischen Mutter und Radnarbe eine Asbest- oder Klingeritscheibe *a* von etwa 2 mm Stärke gelegt (Abb. 60), die durch einen Ring *b* am Herausfliegen gehindert wird. Diese Befestigung ist nur bei wenig Rädern und kleinen Wellendurchmessern zulässig.

Bei größeren Turbinen wird die Befestigung durch Ringe bevorzugt, wobei die Welle mit Absätzen im Durchmesser ausgeführt werden kann, an die sich die Ringe stützen (Abb. 61), wodurch sie die Räder in axialer Richtung halten, oder es kann die Welle gleichbleibenden Durchmesser erhalten, ist jedoch mit Eindrehungen versehen, in welche die geschlitzten Ringe *a* (Abb. 62) eingesetzt werden, um die Räder axial zu halten. Da die Räder keine gemeinsamen Ringe haben, braucht jeder Ring nur in eine Nabe zu passen, was ein Vorteil ist; denn die Durchmesser müssen toleranzlos ausgeführt werden. Die andere Seite hat der Ausdehnung wegen zwischen den Naben und zwischen Nabe und Ring ein axiales Spiel von ½ bis 1 mm. Die Mutter soll nur ein unzulässiges Wandern der Räder verhüten. Zur Demontage der Ringe durch Abdrückschrauben sind Gewindelöcher angeordnet; das Abziehen der Laufräder geschieht hydraulisch.

Mehrkränzige Räder werden auch durch geschlitzten Konus und Mutter gehalten (Abb. 63), das Rad stützt sich durch eine Scheibe *s* gegen den Wellenabsatz. Auch einkränzige Räder werden durch Konus befestigt, Abb. 64 (AEG), durch den sie auf die Welle gepreßt werden. Zum Abziehen mittels einer Abziehvorrichtung ist im Konus

Gewinde eingeschnitten, das durch Füllringe *F* abgedeckt wird.

Eine sehr solide Befestigung der AEG für hohe Temperaturen und Beanspruchungen mittels radialer Bolzen und Buchsen zeigt Abb. 58, S. 81.

Die Befestigung des Laufrades *L* mit der Welle *W* (Abb. 65) wird von BBC durch Lippenschweißung erreicht. Erwärmung und damit Verziehen der Teile wird vermieden, Keile sind nicht erforderlich.

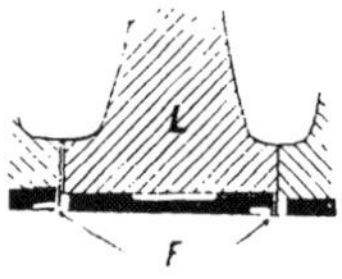

Abb. 64
Laufradbefestigung (AEG)

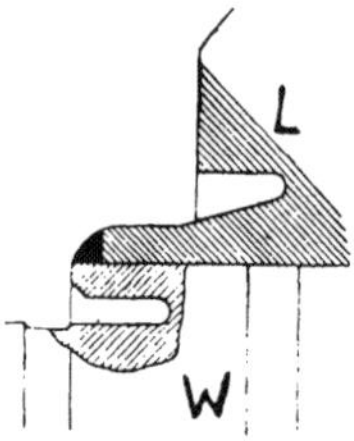

Abb. 65. Befestigung durch Lippenschweißung

Die Laufradscheiben der kombinierten Turbinen werden meist mit der Trommel verschraubt, verschweißt oder auch mit dieser aus einem Stück hergestellt (s. u.).

Zur Übertragung des Drehmomentes vom Laufrad auf die Welle dienen Federkeile *k*, die in gefrästen Nuten sitzen. Die Nut muß im Laufrade gut ausgerundete Ecken haben, um Kerbwirkung zu vermeiden. Häufig sind zum besseren Massenausgleich die Nuten benachbarter Räder um 180° versetzt; größere Räder erhalten zwei gegenüberliegende Keile.

Werden die Laufräder mit der Welle aus dem Vollen hergestellt, so fallen die Schwierigkeiten der Befestigung fort, doch muß bei einem Fehler auch nur an einer Stelle der ganze Läufer verworfen werden.

4. Das A u s w u c h t e n der Laufräder muß vorgenommen werden, weil wegen des nicht vollständig homogenen Mate-

rials und wegen unvermeidlicher Ungenauigkeiten in der Bearbeitung der Schwerpunkt der Scheibe nicht immer in die geometrische Achse fällt. Für Laufradscheiben genügt meist das statische Auswuchten; zu diesem Zwecke werden sie auf Büchsen gezogen und mit deren Achse (oder auch mit der Radnabe) auf genau waagerecht geschliffene Flächen *a* der Böcke *b* (Abb. 66) gesetzt. Die Radscheibe wird dann langsam pendeln und endlich mit untenliegendem Schwerpunkt stehenbleiben. Durch ein mit Wachs oben angeklebtes Gegengewicht kann die Größe des Übergewichtes

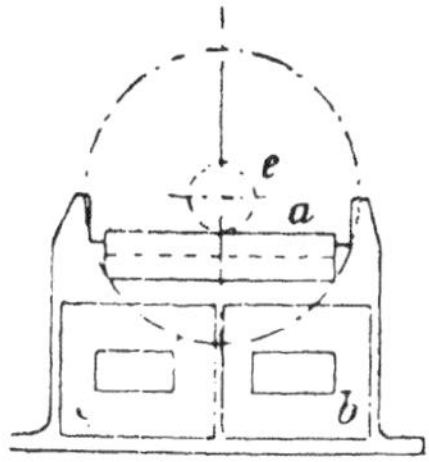

Abb. 66. Bock zum Auswuchten

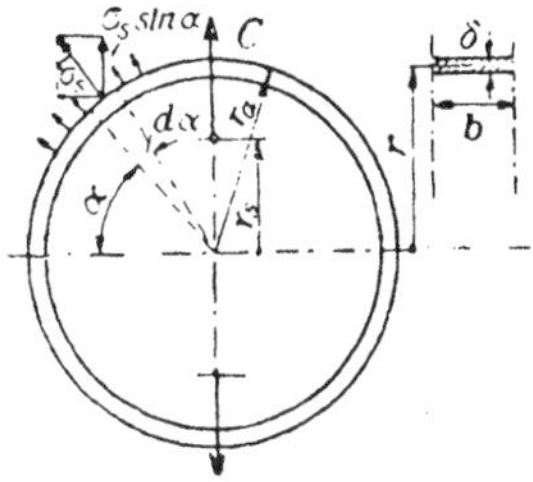

Abb. 67. Berechnung der Trommel

festgestellt und dementsprechend unten etwas weggeschabt werden, bis indifferentes Gleichgewicht erreicht wird. Nach erfolgter Beschaufelung wird nochmals ausgewuchtet und durch Wegschaben am Schaufelfuß ausgeglichen.

Der ganze Rotor — Welle mit beschaufelten Rädern — kann dann noch dynamisch ausgewuchtet werden (S. 90).

III. Die Trommeln

A. Die Berechnung der Trommeln

Trommeln werden für die vielstufigen Überdruckturbinen verwendet. Man kann die Trommel als frei rotierenden Ring auffassen und die Spannungen wie in einem solchen berechnen.

Es sei nach Abb. 67 ein Trommelteil von der Breite b angenommen, dessen radiale Dicke δ ist, wobei die Nut für die Schaufeln berücksichtigt ist, derart, daß, wenn e die Breite, s die Tiefe der Nut bei δ_t Trommelwandstärke und l der Abstand der Mitten der Schaufelreihen,

$$\delta = \delta_t - (s e : l) \text{ ist.}$$

Radialspannungen treten nicht auf, die Tangentialspannung σ_u wird durch die Fliehkraft $C = m r_s \omega^2$ der Ringhälften hervorgerufen (Abb. 67), wenn $r_s = 2\,r : \pi$ der Abstand des Schwerpunktes S der Ringhälften von der Drehachse und die Masse des Halbringes

$$m = \delta\, b\, r \pi\, \gamma : g.$$

Es ist dann, gleichmäßig verteilte Spannung vorausgesetzt,

$$C = m\, r_s\, \omega^2 = 2\, b\, \delta\, \sigma_u,$$

da zwei Querschnitte tragen, und mit obigen Ausdrücken für m und r_s folgt

$$\sigma_u = \frac{m}{2\, b\, \delta} r_s\, \omega^2 = \frac{\gamma}{g} r^2\, \omega^2 .$$

Da $r\,\omega = u$ die Umfangsgeschwindigkeit und $\gamma/g = \mu$ die spez. Masse, so ist

$$\sigma_u = u^2 \gamma : g = \mu\, u^2 \text{ kg/cm}^2. \qquad (38)$$

Somit ist die Spannung nur von der Umfangsgeschwindigkeit abhängig. Mit $\gamma = 0{,}00785$ kg/cm³ und $g = 981$ cm/s² ist die Beanspruchung durch die Masse des Ringes

bei $u =$	25	50	75	100	125	150	200 m/s
$\sigma_u =$	50	200	450	800	1250	1800	3200 kg/cm².

Die Spannung im Material wird aber noch erhöht durch die Radialspannung infolge der Fliehkraft der Schaufeln. Nimmt man diese als gleichmäßig verteilt über den Umfang zu σ_s kg/cm² an, so ist die in der Richtung von C wirkende Komponente für ein Element von der Länge $r_a d\alpha$ (Abb. 67)

$$\sigma_s\, b\, r_a\, d\alpha \sin\alpha .$$

Die dazu senkrechten Komponenten heben sich gegenseitig auf. Für die Ringhälfte ergibt sich durch Integration die Resultierende

$$C_s = \int_\pi^0 \sigma_s\, b\, r_a \sin\alpha\, d\alpha = 2\,\sigma_s\, b\, r_a ,$$

die sich auf zwei Querschnitte von je $b\,\delta$ cm² verteilt und eine Spannung von

$$\frac{C_s}{2\,b\,\delta} = \frac{2\,\sigma_s\, b\, r_a}{2\,b\,\delta} = \sigma_s \frac{r_a}{\delta}$$

hervorruft.

Somit ist die Gesamtspannung

(39) $$\sigma = \sigma_u + \sigma_s \frac{r_a}{\delta} .$$

Hierzu können noch Spannungen durch die Befestigung der Trommel kommen, die nicht bestimmbar sind.

Beispiel. Es sei für einen Trommelradius $r_a = 25$ cm und $\delta = 3{,}0$ cm, $n = 2000$ und $n_{\max} = 1{,}15 \cdot 2000 = 2300$

$$\sigma_s = 50 \text{ kg/cm}^2.$$

Dann ist die Umfangsgeschwindigkeit

$$u = \pi\, 0{,}5 \cdot 2300 : 60 = 60 \text{ m/s}$$

und

$$\sigma_u = (0{,}00785 : 981) \cdot 60^2 = 288 \text{ kg/cm}^2.$$

Die Gesamtspannung ist

$$\sigma = 288 + 50 \cdot 25 : 3 = 288 + 417 = 705 \text{ kg/cm}^2.$$

B. Die Ausführung der Trommeln

1. Das Material der Trommeln ist nur bei kleinen Turbinen Flußeisen – Stahlguß kommt kaum noch vor –, sonst Martin-Flußeisen von 40 bis 47 kg/mm² Festigkeit,

22 kg/mm² Streckgrenze und 22% Dehnung oder für höhere Beanspruchungen Spezial-Martinstahl von 55 bis 60 kg/mm² Festigkeit, 32 kg/mm² Streckgrenze und 18% Dehnung und bei den höchsten Beanspruchungen Nickelstahl (s. S. 80).

2. Die Herstellung erfolgt durch Ausschmieden oder Pressen. Die Trommeln werden erst innen vollständig bearbeitet, wegen der möglichst gleichmäßigen Massenverteilung, dann werden sie mit der Welle verbunden, außen fertiggedreht und mit den Nuten für die Schaufeln versehen. Bei höherer Beanspruchung und kleinen Durchmessern werden volle Läufer angewendet, mit nur einer Mittenbohrung zur Prüfung der Werkstoffgüte. Bei großen Durchmessern werden die Läufer aus einzelnen Scheiben gebildet, die auf einer Welle sitzen, oder aber aus Scheiben ohne Bohrung und Verbindung untereinander und mit dem Wellenstumpf durch Lippenschweißung (BBC).

Das Gleichdruckrad kombinierter Turbinen wird entweder auf die Trommel gesetzt oder mit der Trommel aus einem Stück hergestellt.

Ausführungen von Trommelläufern s. Band III.

3. Der Ausgleich des Axialschubes. Bei den Überdruckturbinen tritt eine in der Achsenrichtung wirkende Kraft auf, die durch den Dampfdruck auf die Schaufeln und auf die Ringflächen der Trommelabsätze entsteht und durch besondere Entlastungsvorrichtungen — Ausgleich- oder Entlastungskolben — ausgeglichen werden muß.

Es sei c_{1a} die in Achsenrichtung wirkende Komponente der absoluten Eintrittsgeschwindigkeit in die Schaufel, c_{2a} dieselbe für den Austritt, $M = G_{sek}/g$ die sekundliche Masse, p_1 und p_2 die absoluten Drücke des Dampfes vor und hinter der Schaufel, f die Stirnfläche des Schaufelkranzes; dann ist für eine Schaufelreihe der Axialschub der Schaufeln

$$f(p_1 - p_2) - M(c_{2a} - c_{1a}) \text{ kg}$$

und für z Schaufelreihen, wenn f_m die mittlere Fläche und $p_m = p_1 - p_2$ der mittlere Überdruck für alle Schaufelreihen gleich angenommen wird,

$$z f_m p_m - M(c_{2a} - c_{1a}) \text{ kg}.$$

Der Schub durch die Ringflächen der Trommelabsätze ist, wenn F_1, F_2 und F_3 diese Ringflächen, p', p'', p''' die Drücke in den Räumen an den Absätzen und p_a der Ausströmdruck des Dampfes,

$$F_1(p' - p_a) + F_2(p'' - p_a) + F_0(p''' - p_a) \text{ kg}.$$

Somit ist der ganze Axialschub

$$S = z f_m p_m + F_1(p' - p_a) + F_2(p'' - p_a)$$
$$+ (F_3(p''' - p_a) - G_{\text{sek}}(c_{2a} - c_{1a}) : g \text{ kg}.$$

Meist ist $(c_{2a} - c_{1a})$ klein, so daß der Axialschub hauptsächlich vom Überdruck im Spalt und von den freien Ringflächen abhängig ist. Die Abdichtung der Kolben gegen das Gehäuse erfolgt durch Labyrinthdichtung. Abb. 68 zeigt eine solche Dichtung nach Röder, die wärmebeweglich nach Art der „atmenden Einbauten" (S. 1C9). kleine Spalte zuläßt. Der Durchmesser d_k des Entlastungskolbens errechnet sich aus der Beziehung

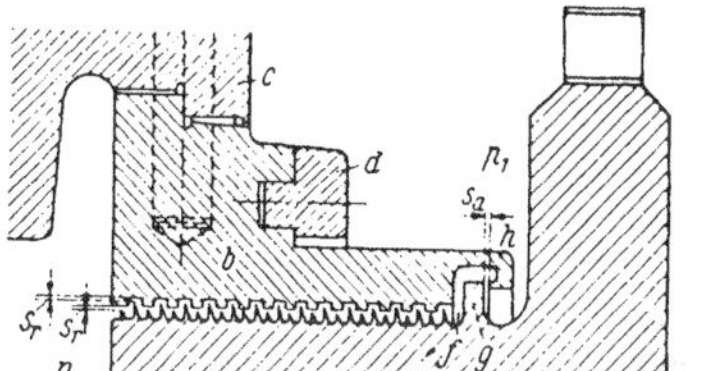

Abb. 68. Ausgleichskolbendichtung nach Röder

$$\pi (d_k^2 - d_1^2) : 4 = S,$$

wenn d_1 der Durchmesser der Trommel am Entlastungskolben.

Den besten Ausgleich ergibt entgegengesetzte Strömungsrichtung bei mehrgehäusigen Turbinen und bei doppeltem Niederdruckteil.

Da sich die Drücke in der Turbine bei Belastungsänderungen auch ändern, so wird ein vollkommener Ausgleich nicht möglich sein; den nicht ausgeglichenen Schub muß ein besonderes Drucklager aufnehmen (s. S. 129).

4. Das Auswuchten der Trommel. Das statische Auswuchten, welches in derselben Weise vorgenommen wird wie bei den Laufradscheiben (S. 85), genügt meist nicht, da dadurch wohl erreicht wird, daß die Resultierende der Schwerkräfte durch die Drehachse geht; aber es können immer noch die Schwerpunkte einzelner Teile nicht in die Drehachse fallen und beim Umlaufen Momente hervorrufen, die eine Durchbiegung erzeugen. Um diese Momente zu beseitigen, muß der Rotor noch dynamisch ausgewuchtet werden, d. h. während des Umlaufens, wobei die wirkenden Kräfte beobachtet werden können.

Das dynamische Auswuchten kann auf verschiedene Weise vorgenommen werden.

Nach dem Verfahren von Lawaczek und Heymann wird an der Vorrichtung zum Auswuchten das eine Lager um die Senkrechte drehbar angeordnet, während das andere an einer Blattfeder pendelnd aufgehängt ist; der Antrieb erfolgt durch biegsame Welle mittels Elektromotors. Durch die unausgeglichenen Massen wird das pendelnde Lager in waagerechte Schwingungen versetzt, die durch eine Schreibvorrichtung beobachtet werden. Nach Bestimmung der Ebene der wirkenden Kraft werden in ihr zwei gleiche Massen in gleichem Abstand von der Drehachse, aber entgegengesetzt, angebracht, bis die Schwingung verschwindet. Dann werden die Lager vertauscht und durch nochmaligen Versuch die noch übrige freie Kraft ermittelt und durch Gewicht ausgeglichen.

Weitere Verfahren und die Theorie s. Stodola (Literatur, Teil I).

IV. Die Wellen

A. Die Berechnung

1. Die kritische Umlaufzahl. Da ein vollständiger Ausgleich der rotierenden Massen praktisch unmöglich ist, entstehen selbst bei ganz geringer Exzentrizität Fliehkräfte, die sehr beträchtlich sein können.

Dreht sich eine nicht ausgeglichene Scheibe mit einer Welle, so liegt der gemeinsame Schwerpunkt von Welle und Scheibe nicht in der Wellenachse, sondern z. B. in der Achse CD (Abbildung 69a). Bei einer Drehung bringt die Fliehkraft eine Durchbiegung nach der Seite des Schwerpunktes der Scheibe hervor, so daß der geometrische Mittelpunkt der Scheibe einen Kreis a (Abb. 69b) beschreibt.

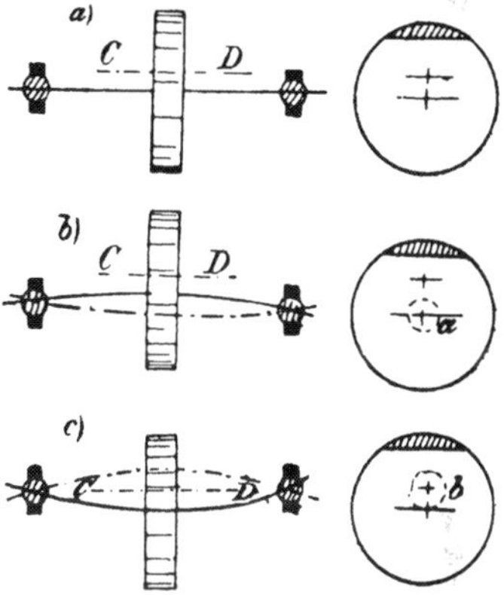

Abb. 69. Durchbiegung rotierender Wellen

Es sei zunächst angenommen, daß die Welle durch ihr eigenes Gewicht nicht durchgebogen werde (wie bei senkrechter Welle); der Schwerpunkt der Scheibe liege um e aus der Wellenmitte. Bei der Drehung wird dann durch die Fliehkraft C eine Durchbiegung f cm eintreten und der Schwerpunkt um $f + e$ aus der Mitte liegen, so daß

$$C = m (f + e) \omega^2 = (f + e) \omega^2 G/g,$$

wenn G das Gewicht der Scheibe ist. Dieser Fliehkraft hält die elastische Spannung der Welle das Gleichgewicht. Ist P

diese elastische Gegenkraft für 1 cm Durchbiegung, also $P \cdot f$ die ganze Kraft, so muß sein

$$C = P f = m (f + e) \omega^2,$$

woraus

$$f = \frac{e}{(P : m\omega^2) - 1}. \tag{40}$$

Die Durchbiegung nimmt also zu mit wachsendem ω und würde unendlich groß, wenn der Nenner Null wird; die Welle würde brechen, wenn sie nicht in den Lagern gehalten oder die Durchbiegung begrenzt wäre. Die zugehörige Winkelgeschwindigkeit ω_k bzw. die Umlaufzahl $n_k = 30\,\omega_k : \pi$ ergibt sich aus

$$\frac{P}{m\omega_k^2} - 1 = 0 = \frac{P g}{G \omega_k^2} - 1$$

mit $g = 981$ cm/s zu

$$\omega_k^2 = \frac{P}{m} = \frac{P g}{G} = \frac{\pi^2 n}{30^2} \quad \text{und} \quad n_k \cong 300 \sqrt{\frac{P}{G}}. \tag{41}$$

Man nennt n_k die kritische Umlaufzahl. Sie macht sich praktisch durch starke Vibrationen bemerkbar, da wegen der Lagerung eine Begrenzung der Durchbiegung vorhanden ist. Geht man schnell über die kritische Umlaufzahl hinweg, so daß keine Zeit zur Durchbiegung ist, so wird f nach Gl. (40) negativ und die Welle nimmt einen neuen Gleichgewichtszustand an, bis bei $\omega = \infty$ f mit e zusammenfällt. Dann erfolgt Rotation um CD (Abb. 69c), der geometrische Mittelpunkt beschreibt einen Kreis b um den Schwerpunkt.

Wird nun die Durchbiegung der Welle durch das Eigengewicht berücksichtigt, also dieselbe waagerecht angenommen, dann liegt im Ruhezustand der geometrische Mittelpunkt der Scheibe um f_0 nach unten und ist Mittelpunkt bei der Drehung. f_0 ist von denselben Umständen abhängig, wie f, also von der elastischen Kraft P, und da P die Kraft für 1 cm Durchbiegung, so ist im Ruhezustand bei dem Scheibengewicht G

$$f_0 = G : P$$

und mit Gl. (41)

(42) $$f_0 = g : \omega_k^2 = (300 : n_k)^2,$$

oder

(42a) $$n_k = 300 \sqrt{1 : f_0}.$$

Die kritische Umlaufzahl ist somit von der Durchbiegung durch die ruhende Belastung und die Durchbiegung wieder von dem Material und von den Abmessungen der Welle abhängig. Man kann nun die Welle so bemessen, daß die kritische Umlaufzahl über der Betriebsumlaufzahl liegt — starre Welle — oder daß sie unter der Betriebsumlaufzahl liegt — biegsame Welle, wie sie de Laval angewendet hat —. Erstere hat den Vorteil, daß die Vibration beim Durchgang durch die kritische Umlaufzahl vermieden wird, letztere den Vorteil, daß die Welle dünner wird und dadurch die Naben- und Stopfbüchsenverluste geringer werden. Bei guter Auswuchtung ist meist der Durchgang durch die kritische Umlaufzahl wenig zu spüren. In jedem Falle muß aber die kritische Umlaufzahl genügend weit von der Betriebsumlaufzahl entfernt liegen. Es sind über dem bekannten n_k noch andere höhere kritische Umlaufzahlen festgestellt worden.

Bei der de Laval-Turbine liegt die kritische Drehzahl etwa bei $^1/_5$ bis $^1/_8$ der Betriebsdrehzahl, so daß erstere schon bald nach dem Anlassen durchlaufen wird. Ist eine solche Welle selbsttätig einstellbar und nachgiebig gelagert, so rotiert sie bei einem Vielfachen der kritischen Drehzahl um eine durch den Schwerpunkt gehende freie Achse. Zu große gefährliche Ausschläge können durch einen Anschlag vermieden werden.

Die kritische Drehzahl starrer Wellen wird meist zu

$$n_k = n + 800 \text{ bis } 1{,}3\,n$$

angenommen, die der biegsamen Wellen zu

$$n_k = n/2 \text{ bis } 2/3\,n,$$

wenn n die Betriebsdrehzahl ist, wobei die versteifende Wirkung der aufgezogenen Laufradnaben in n_k meist nicht berücksichtigt wird (s. S. 82).

2. Die rechnerische Bestimmung der kritischen Drehzahl ist nur bei einer einzelnen Last oder bei gleichmäßig verteilt angenommener Last und nicht stark abgesetzter Welle genau genug, oder als Überschlagungsrechnung anwendbar, da sie einfach ist.

Die zulässige Durchbiegung wird für die gewünschte kritische Drehzahl aus Gl. (42) ermittelt und ist andererseits für eine Belastung G nach den Regeln der Festigkeitslehre zu bestimmen; z. B. ist f für frei aufliegende Welle bei l cm Lagerabstand, bei Belastung in der Mitte

(43) $$f = \frac{G\,l^3}{EJ\,48} \text{ cm}$$

und bei gleichmäßig verteilter Belastung

(43a) $$f = \frac{5}{8} \cdot \frac{G\,l^3}{EJ\,48} \text{ cm},$$

wenn E der Elastizitätsmodul und $J = \pi\,d^4 : 64$ cm^4 das Trägheitsmoment des Durchmessers d.

Aus obigen Gleichungen kann für das ermittelte f das Trägheitsmoment J und daraus der Wellendurchmesser d errechnet werden; nimmt der Durchmesser nach den Lagern hin bedeutend ab, so müßte d größer genommen oder graphisch berechnet werden.

Bei mehreren Laufrädern ist die Berechnung umständlich und auch nicht genügend genau, so das Verfahren von M. Krause (ZVdI 1924, S. 878). Genauer ist das Verfahren von G. Kull (ZVdI 1928, S. 249).

Infolge der hohen Drehzahl ist die Beanspruchung auf Verdrehung gering, und auch die Biegungsbeanspruchung liegt meist weit unter der zulässigen.

3. Die graphische Berechnung führt bei mehreren Lasten und bei abgesetzter Welle besser und genauer zum Ziele.

Man kann nun die Durchbiegungen vorschreiben und die Wellendurchmesser ermitteln oder den Wellendurchmesser annehmen (in der Wellenmitte angenähert rechnerisch zu bestimmen) mit den konstruktiv sich ergebenden Absätzen, und die Durchbiegung graphisch bestimmen. Sollte diese nicht die gewünschte kritische Drehzahl ergeben, so muß mit geändertem Durchmesser nochmals gerechnet werden.

Zweckmäßig erfolgt die Wiederholung mit folgendem Ansatz

1. Resultat n_k mit f falsch;
2. Resultat n'_k mit f' in gewünschter Höhe.

Allgemein ist nach Gl. (42a) S. 93

$$n_k : n'_k = \sqrt{f'/f}.$$

Daraus f' und d' aus

$$d'^4 : d^4 = f/f'.$$

Es sei für angenommenen Durchmesser das Verfahren auf Grund des Mohrschen Satzes erläutert.

Man zeichnet nach Abb. 70 die Welle im Maßstab $1:n$, ermittelt für die Wellenteile das Eigengewicht und das Gewicht der darauf befindlichen Laufräder u. dgl. und trägt diese Belastungen in einem „Kräfteplan“ a im beliebigen Maßstab 1 mm $= p$ kg auf. Dann wählt man einen beliebigen Polabstand $H = M$ mm und zieht das „Seileck“ b, das die Momentenflächen bildet. Nun werden für die verschiedenen Wellendurchmesser die Trägheitsmomente J_1, J_2

ermittelt (in den Hilfsbüchern meist enthalten) und die Ordinaten des Seilecks, um für alle Teile dasselbe Trägheitsmoment J_m benutzen zu können, auf dieses Trägheitsmoment bezogen, z. B. auf das des Durchmessers in der Mitte J_m, d. h. es sind alle Ordinaten im Verhältnis $J_1 : J_m$, $J_2 : J_m$ usw.

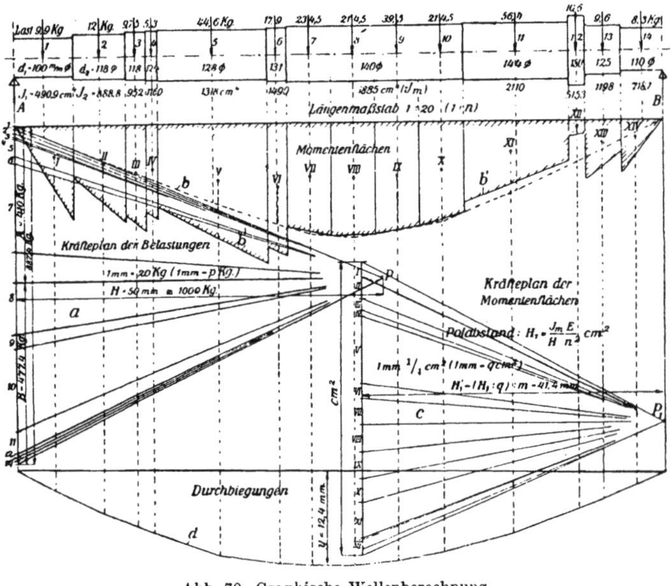

Abb. 70. Graphische Wellenberechnung

zu ändern, wodurch sich die gebrochene Linie b' ergibt und die Momentenflächen auf das Trägheitsmoment J_m reduziert erscheinen.

Dann werden die einzelnen Flächeninhalte dieser Momentenfläche in Quadratzentimeter ermittelt und als in den Schwerpunkten der Flächen angreifende Kräfte aufgefaßt, die in einem neuen Kräfteplan c aufgetragen werden.

Da 1 cm² = n^2 cm² in Wirklichkeit ist, so müßten die ermittelten Flächeninhalte mit n^2 multipliziert werden; man wird statt dessen aber zweckmäßig den Polabstand des Kräfteplanes c n^2 mal kleiner machen. Dieser Polabstand ist nun nicht mehr beliebig, sondern er muß

$$H_1 = \frac{J}{H} \frac{E}{n^2} (\mathrm{cm}^2)$$

werden, mit $H = p \cdot M$.

Den Kräftemaßstab für den Kräfteplan *c* wählt man beliebig, 1 mm = q cm², dann wird der zugehörige Polabstand

$$H'_1 = H_1 : q = N \text{ mm}.$$

Da dieser Wert häufig nicht auf die Zeichnung paßt, nimmt man ihn $N : m$ und zeichnet das Seileck *d*, dessen Ordinaten sich dann in *m*facher Vergrößerung ergeben, andererseits wegen des Zeichnungsmaßstabes n^2mal zu klein, so daß, wenn y die gemessene größte Ordinate in Zentimeter, die wirkliche Durchbiegung

$$f = y \cdot \frac{n}{m} \text{ cm}$$

wird. Alsdann ist die kritische Umlaufzahl

$$n_k = 300 \sqrt{1 : f}$$

mit f in Zentimeter.

Die kritische Drehzahl wird aber tatsächlich höher liegen infolge der Versteifung der Welle durch die Radnaben, Büchsen, Trommeln u. a. Die Größe dieser Versteifung ist nicht im voraus zu bestimmen, sie muß nach praktischen Erfahrungen geschätzt werden und beträgt etwa 15–30%.

Abb. 70 zeigt maßstäblich ein durchgeführtes Beispiel im Maßstab 1 : 20, ferner 1 mm = 20 kg, 1 mm = ¼ cm², H = 50 mm und m = 1000. Dann ist $y = 12{,}4$ mm und $f = 12{,}4 \cdot 20 : 1000 = 0{,}248$ mm = 0,0248 cm und

$$n_k = 300 \sqrt{1 : 0{,}0248} = 1900 \text{ Umdr./Min.}$$

B. Die Ausführung der Wellen

Das Material der Wellen ist bester homogener Siemens-Martin-Stahl von mindestens 60 kg/mm² Festigkeit und mindestens 20% Dehnung; nach dem Schmieden und dem Vordrehen wird die Welle mehrfach geglüht, um sie vollständig spannungsfrei zu machen, da jedes Werfen oder Verziehen der Welle im Betriebe schwere Schäden herbeiführen kann.

Nach dem Fertigdrehen werden die Wellen mit Nuten für die Federkeile versehen und dann an den Lagerzapfen und an den Stellen, wo die Laufräder, Stopfbüchsen oder Trommeln aufgebracht werden, auf besonderen Schleifmaschinen geschliffen.

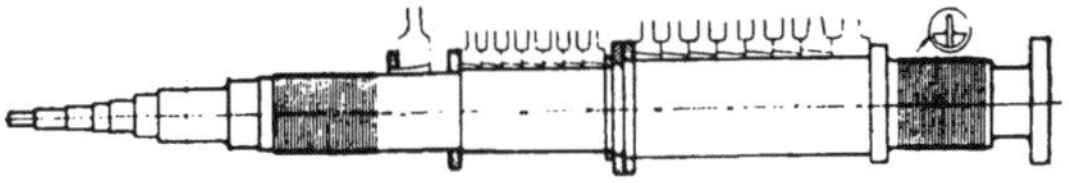

Abb. 71. Welle mit Kupplungsflansch

An den Wellenabsätzen sind scharfe Übergänge zu vermeiden, es sind gute Hohlkehlen auszuführen. Die Schwächung der Welle durch die Keilnuten ist für die Durchbiegung zu beachten.

Die Breite und Stärke der Keile ist so zu bemessen, daß die auf dem Wellendurchmesser wirkende Umfangskraft keine zu große Flächenpressung an den tragenden Flächen ergibt.

Abb. 71 zeigt eine Welle mit angeschmiedeter Kupplung. Die Lagerzapfenabmessungen ergeben sich unter Berücksichtigung der Reibungswärme und des Flächendruckes nach den bei den Lagern gemachten Angaben. Die Turbinenwelle wird durch die starre Kupplung von der Generatorwelle getragen, so daß das kupplungsseitige Turbinenlager fortfällt (s. ausgeführte Turbinen. Teil III).

Die weitere Form der Welle richtet sich nach der Anordnung der Stopfbüchsen und des Reglerantriebes und ist dementsprechend auszubilden.

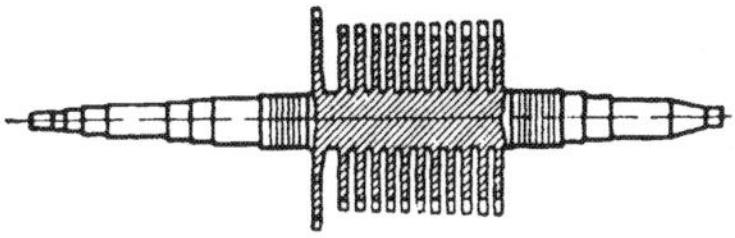

Abb. 72. Läufer aus dem Vollen

Einen Läufer aus dem Vollen zeigt Abb. 72 mit Konus für aufzusetzende Kupplung.

Dritter Abschnitt

Die feststehenden Teile der Dampfturbinen

I. Die Leitvorrichtungen

A. Düsen

(Die Berechnung der Düsen siehe S. 15.)

1. Material und Ausführung. Als Material kommt für die Düsen zäher dichter Stahl oder legierter Stahl zur Anwendung. Gußeisen (Heißdampf- oder Kolbenringgußeisen) hat sich sehr gut bewährt und bietet den Vorteil, daß jede Düsenform leicht ausgeführt werden kann, die Düsen zu Segmenten dicht aneinander gefügt und nötigenfalls etwas nachgearbeitet werden können (Abb. 19, 73—74). Der engste Querschnitt kann rechteckig oder rund sein, der Austrittsquerschnitt ist stets rechteckig und im Kreisbogen der Eintrittsfläche des Laufschaufelkranzes angepaßt. Die Düsenachse wird aber zweckmäßig nicht im Kreisbogen gekrümmt, sondern geradlinig ausgeführt (Abb. 73), wodurch die Herstellung des Kernes einfacher wird und Verluste durch die Strahlkrümmung vermieden werden; auch ist ein

Nacharbeiten des engsten Querschnittes (Aufreiben) besser möglich. Die Düsenachsen stehen dann tangential an den Teilkreis und die Eintrittsquerschnitte der Düsen liegen weiter von der Turbinenachse entfernt, wodurch im Schnitt die Düse schief erscheint (Abb. 73). Es wird meist ein Modell von der inneren Düsenform angefertigt und danach der Kernkasten in Gips hergestellt, die Kerne werden sauber mit Graphit verputzt und nach Schablone in die Gußform eingesetzt. Eine einfachere Ausführung zeigt Abb. 74.

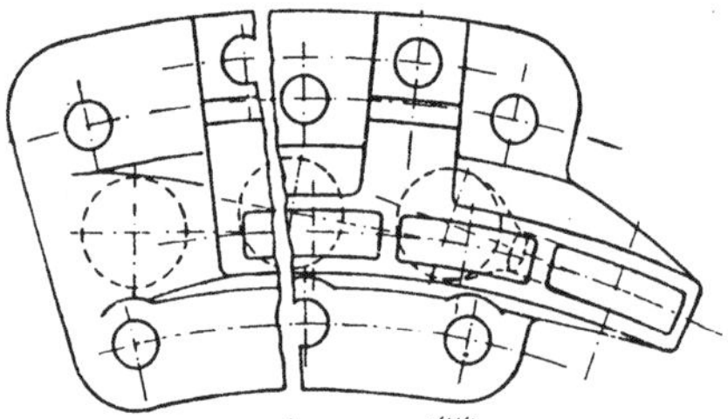
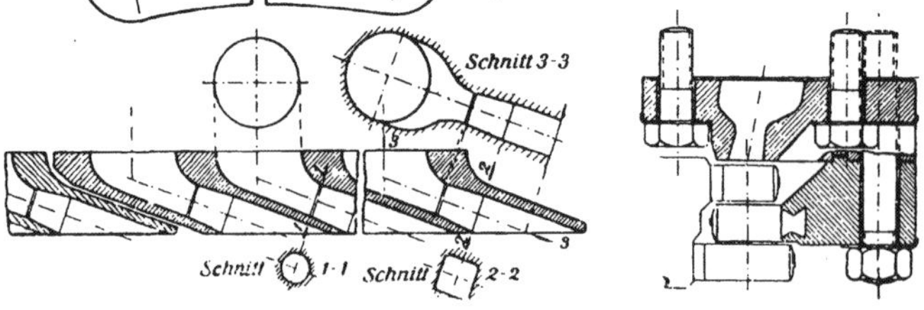

Abb. 73. Düsensegment und Umleitschaufel der AEG

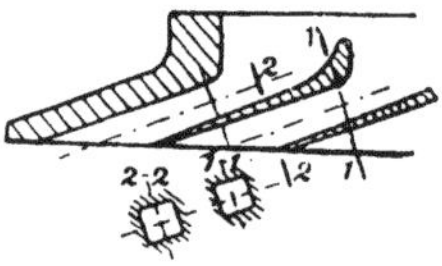

Abb. 74. Gegossenes Düsensegment

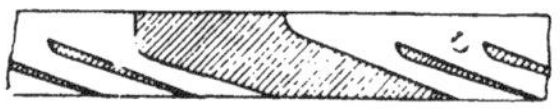

Abb. 75. Eingefräste Düsen

Auch in das Düsensegment gefräste Düsenschaufeln (Abb. 75), die seitlich noch durch einen äußeren Deckring begrenzt werden (vgl. Abb. 78), werden verwendet.

In neuerer Zeit werden die Düsen in das volle Düsensegment eingefräst (Abb. 76), besonders bei hohen Drucken.

Abb. 76. Eingefräste Düsen

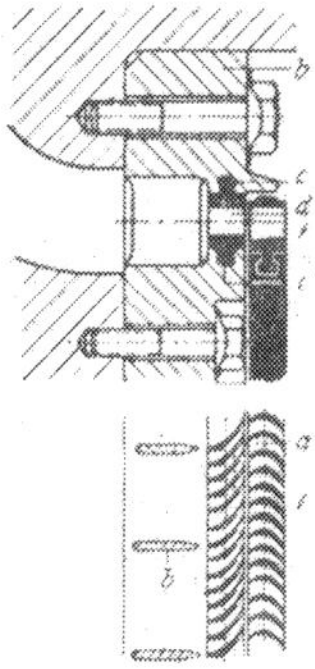

Abb. 77
Eingesetzte gefräste Düsenschaufeln

Auch vollständig gefräste Düsenschaufeln *d* und Füllstücke *c*, die in Düsenträger *b* eingesetzt werden (Abb. 77) finden häufig Anwendung.

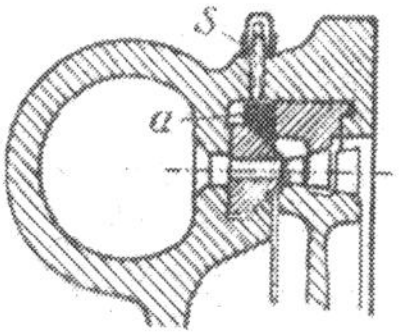

Abb. 78
Düsen- und Umleitkranzbefestigung

2. Die Befestigung der Düsen im Gehäuse wird auf verschiedene Art bewirkt. Wird ein besonderer Düsenkasten vorgesehen, so wird das Düsensegment an diesen angeschraubt und ersterer am Gehäuse. Die Befestigung der Düsen und der Umleitschaufeln am Düsenkasten zeigt Abb. 73 und am Gehäuse Abb. 77.

Eine eigenartige Düsen- und Umleitschaufelbefestigung hat die Brown-Boveri-Turbine (Abb. 78); durch einige Schrauben S wird ein Druckstück a gegen Düsen- und Umleitschaufelsegment gedrückt und hält beide in einwandfreier Weise fest.

Das Andrücken und Halten des Segmentes durch kegelige Fläche eines Rings wird auch bei Kleinturbinen häufig angewendet (s. Kleinturbinen, Teil III).

B. Leitkanäle, Leitradscheiben

(Die Berechnung der Kanalabmessungen s. S. 17)

1. Die Ausführung. Die Leitkanäle der Gleichdruckturbinen werden bei Graugußscheiben (also bis rd. 300° C)

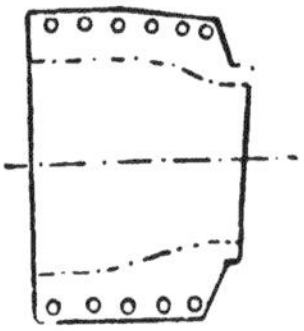

Abb. 79. Leitschaufelabwicklung

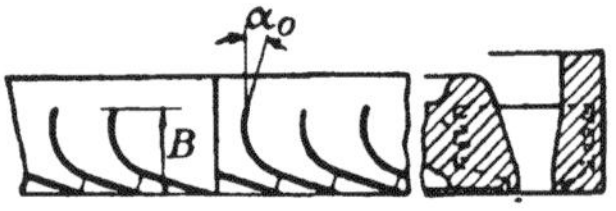

Abb. 80. Leitschaufeln

mit beiderseitig eingegossenen Nickelstahl-Blechschaufeln ausgeführt oder aus gefrästen eingesetzten Schaufeln gebildet. Die Blechschaufeln werden von gewalzten Bändern abgeschnitten und erhalten die sich aus der Abwicklung der Schaufeln ergebende Form (Abb. 79). Dann werden an den einzugießenden Enden Löcher von 8 bis 10 mm Durchmesser gestanzt, zwecks besseren Haltes im Gußstück, und die Schaufeln auf die Krümmung gepreßt (Abb. 80). Die einzugießenden Enden werden mit Säure gereinigt und verzinnt, um beim Gießen reine Metallflächen und gute Bindung zu erreichen. Die Schaufelstärke ist meist 2 mm, nur bei besonders hohen Kanälen steigend auf 3, 4 und mehr Millimeter, um größere Festigkeit zu erhalten; die Schaufeln werden dann nach dem Austritt zu dünner gefrast, um geringere Strahlunterbrechung zu erhalten.

Da der Dampfstrahl in der Ebene des Austrittes den Schnitt *abcd* hat (Abb. 81) und tangential steht, so würde er infolge des Spaltes schief auf die Schaufeleintrittsebene mit dem Schnitt $a'\,b'\,c'\,d'$ treffen und würde durch die Schaufelkante schräg geschnitten; auch müßte die Laufschaufel länger werden, damit der Strahl nicht über die Enden hinaustritt. Damit nun der Strahl mit radial stehenden Seitenflächen und in der Schnittbegrenzung *a b c d* in die Laufschaufel tritt, werden nach Zoelly die Kanten *ab* und *cd* am Leitapparat nicht radial stehend, sondern parallel zu der Laufschaufelkante, die der Strahl in der Laufschaufeleintrittsebene trifft, gestellt, also um die Strecke x entgegen der Drehung verschoben; die Leitschaufelkanten $a_1 b_1$, $c_1 d_1$ tangieren dann alle einen mit der Drehachse konzentrischen Kreis vom Radius x (Abbildung 81).

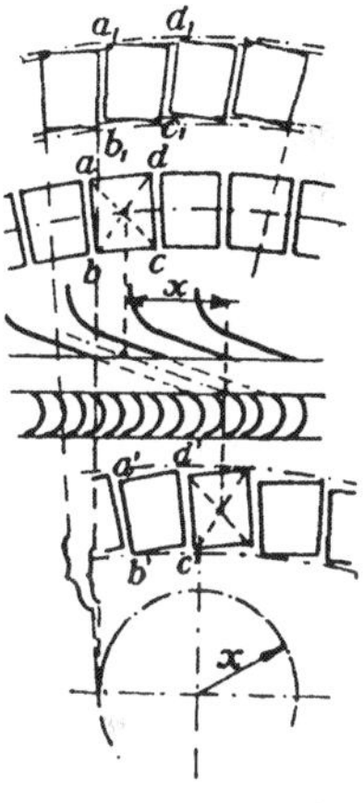

Abb. 81. Versetzen der Leitschaufeln

Sollen wegen möglichster Ausnutzung der Austrittsgeschwindigkeit aus der vorhergehenden Laufschaufel die Leitschaufeleintrittskanten so stehen, daß sie den Dampfstrahl nicht schräg schneiden, dann muß die Eintrittskante dementsprechend in der Abwicklung schräg abgeschnitten werden, wie in Abb. 79 angegeben, wobei die Richtung der Eintrittskante einen Kreis um den Wellenmittelpunkt berühren muß, dessen Halbmesser in der gleichen Weise zu ermitteln ist, wie „x" beim Austritt (Abb. 81), jedoch für den Winkel α_2 der absoluten Austrittsgeschwindigkeit aus der vorhergehenden Laufschaukel.

Die axiale Breite B (Abb. 80) der Leitschaufel ist durch die Festigkeit bedingt.

Neuerdings werden die Leitkanäle aus dem Vollen in die einzelnen Leitschaufeln gefräst und durch die Nachbar-

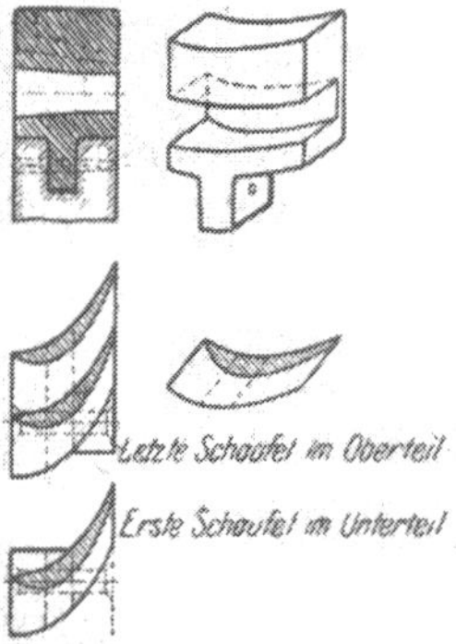

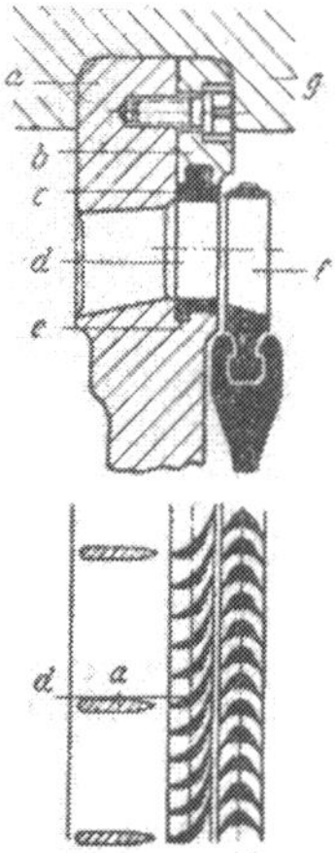

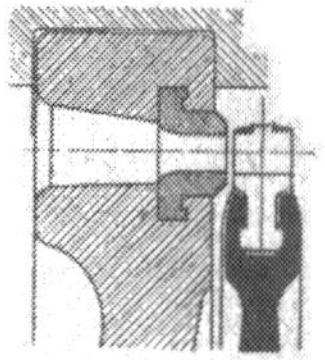

Abb. 82
Gefräste Leitschaufel

Abb. 83 Abb. 84
Befestigung gefräster Düsenschaufeln

schaufel abgeschlossen; die Schaufeln werden durch Ansätze in die Leitradscheiben gesetzt und durch Nieten, L-förmige oder schwalbenschwanzförmige Ansätze gehalten. Solche Schaufeln zeigt Abb. 82; der Kanal entsteht durch nach Schablone geführten Fräser. Die Schaufeln d und Füllstücke c können auch in einem besonderen Schaufelträger b eingesetzt und dieser an der Leitradscheibe a befestigt, Abb. 83 (AEG) (vgl. Abb. 77).

Bei größeren Turbinen werden die Schaufeln auch direkt in den Leitapparat eingesetzt (Abb. 84). Zum Übertragen der Kräfte dienen radiale eingegossene Blechstege oder gegossene Stege.

Die Leitapparate werden meist als zweiteilige Scheiben

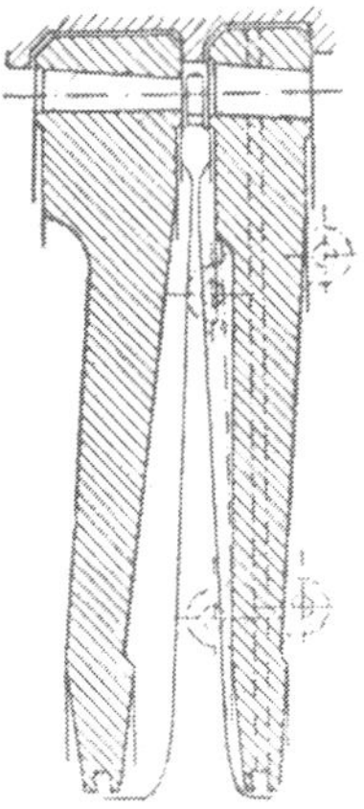

Abb. 85. Leitradscheiben

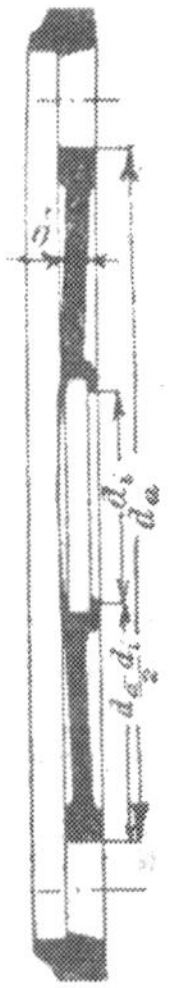

Abb. 86. Leitradberechnung

ausgeführt: die waagerechte Teilfuge schneidet eine Schaufel, was jedoch belanglos ist (Abb. 80).

Bei Hochdruckturbinen werden Leitradscheiben auch einteilig ausgeführt und die Lauf- und Leiträder abwechselnd auf die Welle gesetzt bzw. übergeschoben. Die Leitradscheiben erhalten häufig Z-förmigen Querschnitt, sind also kegelig oder gewölbt.

Die AEG führt die Leitradscheiben großer Turbinen nach Abb. 85 aus, mit der nach Mitte zu abnehmender Wandstärke.

An der Teilfuge werden Knaggen vorgesehen zum Verbinden beider Scheibenhälften bei der Bearbeitung; die Knaggen werden nachher entfernt.

2. Die Berechnung der Leitradscheiben. Wäre die Scheibe ungeteilt, so könnte sie als frei aufliegende Kreisplatte berechnet werden, für die nach Bach bei ebener Scheibe die Spannung

$$(44) \qquad \sigma_{max} = \varphi \frac{d_a^2}{4\,\delta} \text{ mit } \varphi = 1{,}2 \text{ bis } 1{,}3$$

und die Durchbiegung in der Mitte

$$(45) \qquad y = \psi \frac{d_a^4}{16\,\delta^3} \cdot \frac{p}{E} \text{ cm mit } \psi = 0{,}6 \text{ bis } 0{,}7$$

mit den Bezeichnungen der Abb. 86 und dem Überdruck p kg/cm².

Für ungeteilte kegelige Scheiben ist nach Rateau, wenn f die Pfeilhöhe in der Mitte, die Durchbiegung

$$(45\text{a}) \qquad y = \frac{d_a - d_i}{2} \cdot \frac{d_a + 2\,d_i}{E(\delta^2 + f^2)\, ln\, d_a/d_i} \cdot p\,.$$

Für geteilte Scheiben sind die Verhältnisse noch nicht geklärt. Nach Versuchen von Stodola kann angenommen werden:

$$(46) \qquad \sigma_{\text{halb}} = 1{,}6\,\sigma_{\text{voll}}; \qquad y_{\text{halb}} = 2{,}4\,y_{\text{voll}}.$$

Die Durchbiegung ist innen an der Teilfuge am größten. Beide Scheibenhälften sind durch Feder und Nut verbunden. Die Schaufeln müssen den Druck auf die ganze Scheibe aufnehmen.

Das Material der Scheiben ist bei mäßigen Temperaturen Gußeisen, sonst Stahlguß. Es hat sich aber gezeigt, daß Gußeisen im Dampf wächst (treibt) und nach einiger Zeit das Gehäuse sprengen kann, deswegen, und auch wegen der stärkeren Erwärmung der Leitapparate müssen diese mit genügend Spiel im Gehäuse sitzen (radial 0,7 bis 2 mm). In neuerer Zeit verwendet man Gußeisen mit Nickel- und Chromzusatz mit gutem Erfolge (s. Gehäuse).

3. Die Befestigung der Leiträder im Gehäuse darf die Ausdehnung nicht behindern, muß sie aber in der richtigen Lage, axial wie radial, halten. Das erforderliche radiale Spiel läßt sich durch verschiedene Befestigungsarten einhalten, die sich gut bewährt haben.

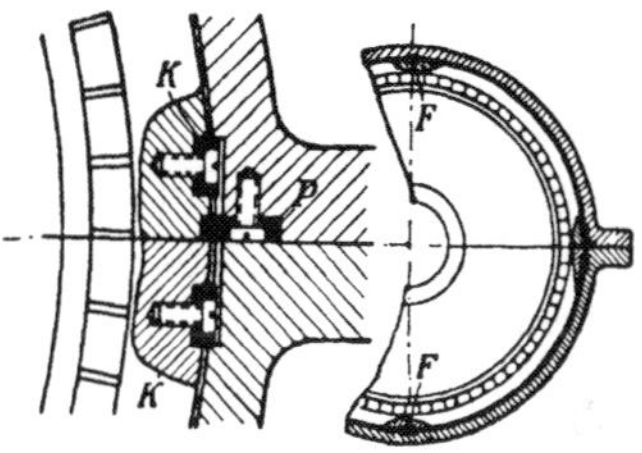

Abb. 87. Leitradbefestigung

Bei der Leitradbefestigung nach Abb. 87 sind Ober- und Unterteil an der Teilfuge durch Federkeile K gehalten, der Oberteil muß noch durch eine Platte P am Herausfallen beim Abheben des Turbinenoberteils gehindert werden.

Das seitliche Verschieben wird durch oben und unten in der Mittelebene eingesetzte kreisförmige Federkeile F verhindert.

Durch Federkeile und Stifte bewirkte Zentrierung zeigt Abb. 88.

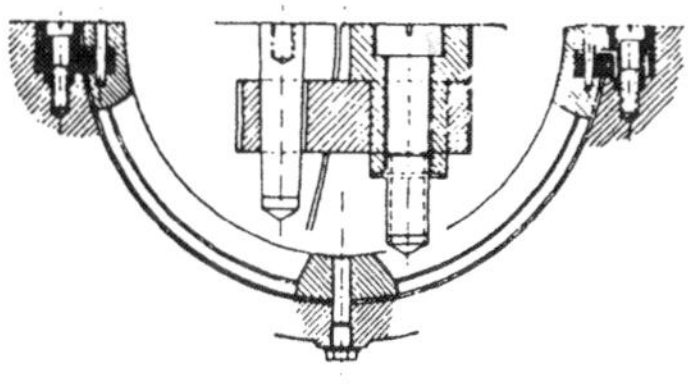
Abb. 88. Leitradbefestigung

In axialer Richtung stützen sich die äußeren Ränder der Leiträder gegeneinander und gegen Bunde im Gehäuse. Um freie Ausdehnung auch in axialer Richtung zu ermöglichen, werden immer nur einige Leiträder zwischen zwei Bunden im Gehäuse gehalten oder es wird, besonders im Hochdruckteil, jeder Leitapparat einzeln mit Spiel in eine Eindrehung des Gehäuses gesetzt (Abb. 85).

Zuweilen werden mehrere Leitapparate in einem besonderen Einsatz im Gehäuse gehalten (s. ausgeführte Turbinen, Teil III).

4. Das Abdichten der Leitradscheiben muß zwischen den beiden Hälften, gegen das Gehäuse und gegen die Welle erfolgen. In der Teilfuge wird Dichtung erreicht durch Aufschaben beider Hälften, und durch Feder und Nut, die zugleich die Festigkeit gegen Durchbiegen erhöhen. Gegen das Gehäuse wird durch die aneinanderliegenden Stirnflächen

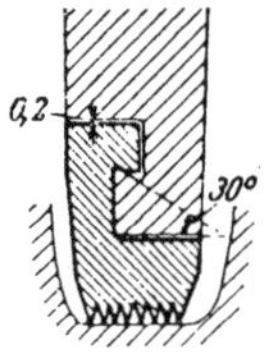

Abb. 89

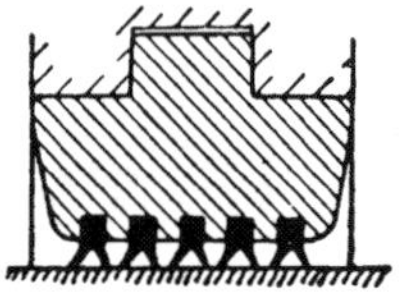

Abb. 90

Zwischenstopfbüchse

der Leitradränder gedichtet und durch außen herumgelegte Dichtungsschnur.

Zur Abdichtung an der Welle bzw. an der Laufradnabe dienen besondere „Zwischenstopfbüchsen", die als einfache zylindrische Büchse mit Labyrinthen oder als Büchsen mit eingedrehten oder eingesetzten Kämmen (Abb. 89 u. 90) oder als nachgiebige Büchse (Abb. 91, Gebr. Storck, Hengelo) ausgeführt werden. Auch Nabenbüchsen mit besonderer nachgiebiger Liderung und Entlastung vom Eigengewicht durch den Dampfdruck werden angewendet.

Bei den Überdruckturbinen sitzen die Leitschaufeln im Gehäuse und müssen an der Trommel wegen des Spaltüberdruckes abdichten, was vielfach durch Deckringe mit Kämmen erfolgt. Da sich jedoch beim Anfahren aus dem kalten Zustand die Trommel mit den Laufschaufeln rascher erwärmt als das Gehäuse, müssen die Spalte an der Trommel wie auch besonders an den Laufschaufeln am Gehäuse genügend groß gehalten werden, um Anstreifen und dadurch Verziehen und Schaufelbrüche zu vermeiden. Im Betriebe sind dann diese Spalte Verlustquellen. Deshalb werden neuerdings die „atmenden Einbauten" nach Prof. Röder angewendet.

Die Leitschaufeln sitzen in Schaufelträgern *a*, Abb. 92, die ihrerseits im Gehäuse mittels radialer Bolzen *c* genau zentrisch

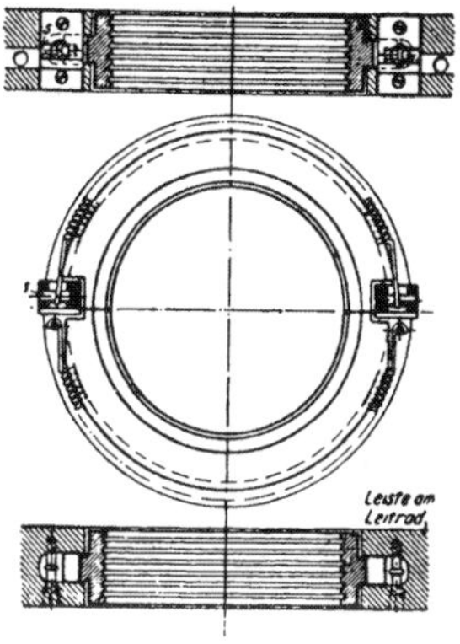

Abb. 91
Nachgiebige Zwischenstopfbüchse

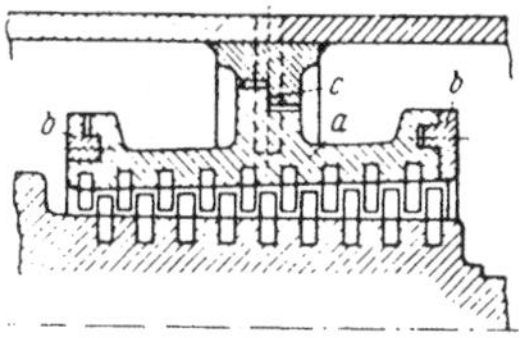

Abb. 92
Leitschaufelträger nach Prof. Röder

und wärmebeweglich befestigt sind und durch die Ringe *b* kreisrund gehalten werden. Beim Anfahren erwärmt sich der allseitig vom Dampf umspülte Leitschaufelträger früher als die Trommel, die Spalte werden größer und können deshalb klein gehalten werden, wie sie sich dann bei durchwärmter Turbine im Betriebe einstellen (etwa 1 bis 1,5%₀ des Durchmessers). Solche Einbauten werden von vielen Turbinenwerken angewendet auch für die Abdichtung der Ausgleichskolben (s. Abb. 68, S. 89).

II. Die Gehäuse

1. Das Material der Gehäuse ist bei mäßigen Temperaturen Gußeisen, in neuerer Zeit mit *Ni*- und *Cr*-Zusatz; bei größeren Einheiten und bei sehr hohen Temperaturen Stahl-

guß oder Spezialstahl. Bis auf wenige Ausnahmen bei Kleinturbinen und bei Hochdruckturbinen sind die Gehäuse in der waagerechten Mittelebene geteilt, um die Turbine aufdecken und das Laufzeug einlegen zu können. Bei der Gestaltung der Gehäuse müssen solche Formen gewählt werden, die neben genügender Festigkeit auch gußtechnisch einwandfrei sind und durch gleichmäßige Verteilung der Massen und der Temperaturen Gußspannungen vermeiden und bequem zu bearbeiten sind; der Rotationskörper ist dazu an sich gut geeignet. Zu empfehlen ist achsensymmetrische Anordnung aller Stutzen, um einseitiges Verziehen zu vermeiden. Mehrmaliges nachträgliches Ausglühen nach jeder Bearbeitung ist bei Stahlformguß unerläßlich.

2. Die Berechnung der Wandstärke δ des durch den Dampfdruck beanspruchten Gehäuses kann ohne Rücksicht auf Versteifungen als freier Ring erfolgen, nach der bekannten Gleichung für Kesselwandungen

$$\delta = \frac{D p}{2 k_z}$$

mit D als Durchmesser, p Überdruck kg/cm² und k_z zulässiger Zugbeanspruchung. Meist wird man aber die Wandstärke aus konstruktiven Rücksichten annehmen und die Zugbeanspruchung σ_z aus obiger Gleichung ermitteln:

$$\sigma_z = \frac{D p}{2 \delta} \text{ kg/cm}^2 . \tag{47}$$

Die Wandstärke kann nach der Niederdruckseite hin abnehmen, doch müssen die Übergänge sanft erfolgen. Die Böden und Deckel der Gehäuse sind wie die Leitradscheiben nach S. 106 zu berechnen.

Die Flanschen werden auf Biegung beansprucht und müssen so kräftig als möglich ausgeführt werden, um Verziehen beim Anziehen der Schrauben auszuschließen.

Ist Z die Kraft des Dampfdruckes, auf die Länge l cm der Entfernung zweier Flanschenschrauben (Teilung) bezogen (Abb. 93), also $2Z = D\,l\,p$ kg, so beansprucht Z den Flanschquerschnitt $(a \cdot b)$ zwischen den Schraubenlöchern auf Biegung mit dem Moment $M = Z\,c = W\,\sigma_{zul}$ cmkg und mit $W = a^2\,b : 6$ cm³ wird

$$(48) \qquad a = \sqrt{\frac{Z\,c\,6}{\sigma_{zul} b}} = \sqrt{\frac{D\,l\,p\,c\,3}{\sigma_{zul}\,b}} \text{ cm},$$

wobei für Gußeisen $\sigma_{zul} = 100$ bis 120 kg/cm² und für Stahlformguß $\sigma_{zul} = 250$ kg/cm² angenommen werden kann.

Der Übergang des zylindrischen Teiles in den Flansch muß schlank und mit guter Hohlkehle erfolgen, wie in Abb. 93.

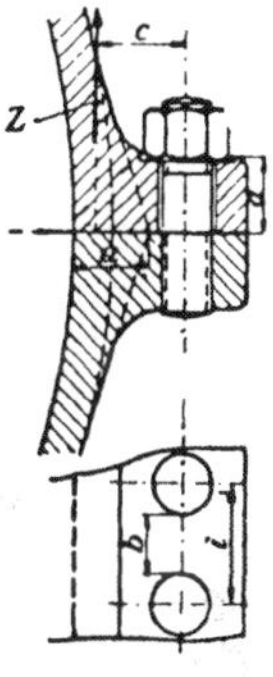

Abb. 93. Flanschberechnung

Die Flanschschrauben müssen mit $4\,Z$ kg angezogen und dementsprechend berechnet werden; das Material der Schrauben ist guter Stahl, das Gewinde muß auf der Drehbank geschnitten oder gefräst werden. Die Teilung (Entfernung) soll wegen guter Dichtung so klein gewählt werden, als es bequemes Anziehen der Schrauben zuläßt. Bei großen Aggregaten und bei hohen Drücken ordnet man zwei Reihen Schrauben an.

Bei hoher Temperatur werden die Flanschschrauben als Dehnschrauben größerer Länge aus zähem Werkstoff ausgeführt (Abb. 94 rechts).

3. Die Ausführung der Gehäuse. Kleine Turbinen erhalten häufig einteilige Gehäuse mit angeschraubtem Deckel, bei denen auch der Abdampfstutzen mit angegossen ist: vielfach ist auch das Gehäuse der anzutreibenden Maschine (Pumpe u. dgl.) mit angegossen (s. Teil III). Das Laufrad wird axial herausgezogen.

Mittlere und große Gehäuse werden stets waagerecht geteilt und meist mit angeschraubtem Abdampfstutzen ausgeführt. Die Form des Gehäuses paßt sich den Durchmessern der Leiträder an. Die Eindrehungen für die Leiträder müssen mit ausgerundeten Ecken ausgeführt werden. Diese Eindrehungen und die Nuten für die Befestigung der Leitschaufeln werden meist nach mit Nutenmarken versehenen und der Bohrung entsprechenden Schablonen in die zusammengeschraubten Gehäusehälften geschnitten.

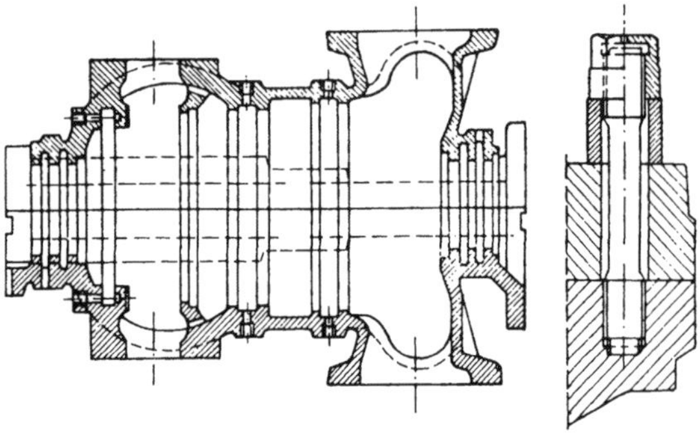

Abb. 94. Hochdruckgehäuse einer Gegendruckturbine (ČSR)

Für das Abheben des Oberteiles sind Flächen für Hebeösen oder Nasen vorzusehen; ferner werden Führungsbolzen angeordnet, um seitliches Verschieben beim Abheben zu verhindern. Tiefgelegene Räume sind zu entwässern, durch natürliches Gefälle nach dem Austritt; besser ist es, solche Räume zu vermeiden.

Vor dem Fertigbohren oder auch nach demselben werden die zusammengeschraubten Gehäusehälften einer längeren Druckprobe unterworfen; kommen verschiedene Drücke in Frage, so sind die betreffenden Räume durch eingesetzte Deckel abzuschließen.

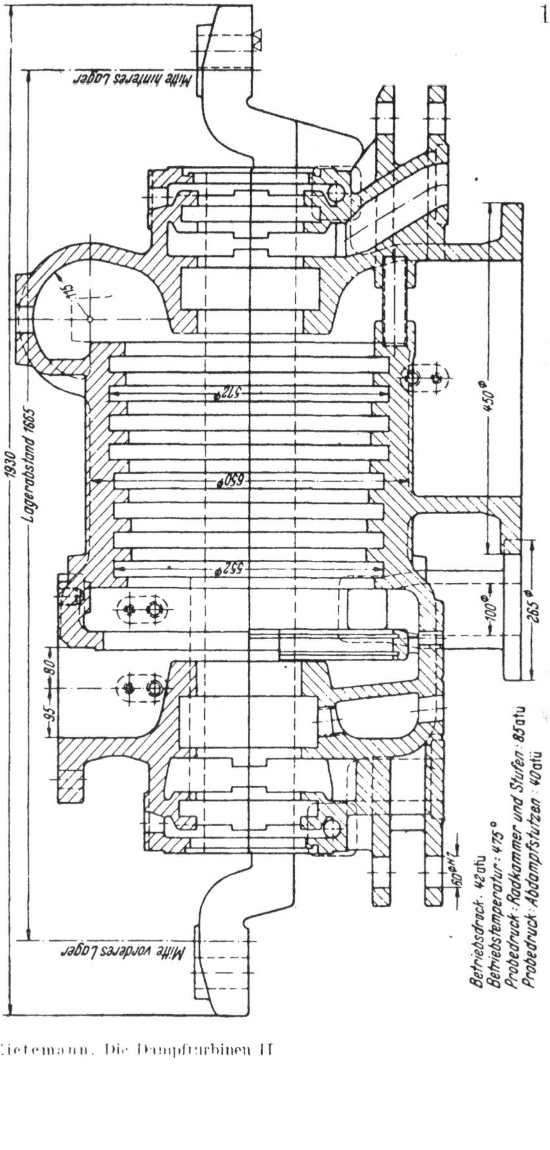

Abb. 95. Gehäuse einer Gegendruckturbine (Borsig)

Die Befestigung der Gehäuse auf dem Grundrahmen oder auf dem Fundament geschieht durch Füße oder neuerdings vielfach durch Anhängen an die Lagerkörper; auch mit den Lagern in einem Stück gegossene Gehäuse werden besonders bei Überdruckturbinen angewendet. Die Füße müssen möglichst in der Nähe der Teilfuge am Gehäuse angreifen und kurz (niedrig) sein, um Wärmedehnung in der Höhenrichtung zu vermeiden.

In dieser Hinsicht ist das Anhängen an die Lager günstig, da letztere kühl bleiben und das Gehäuse sich von der Mitte aus allseitig radial frei ausdehnen kann; die freie axiale Ausdehnung wird durch das verschiebbare Vorderlager gewährleistet.

Abb. 94 zeigt ein Gehäuse einer Hochdruckgegendruckturbine in achsensymmetrischer Ausführung, daneben eine Dehnschraube der Flanschen.

Bei hohen Temperaturen wird der Gehäuseunterteil durch Pratzen genau in der Teilfuge gestützt (Abb. 95 (Borsig). Der Abdampfstutzen wird bei Gegendruckturbinen meist am Gehäuse angegossen, bei Kondensationsturbinen angeschraubt. In ihm sitzt häufig das hintere Lager. Auch geschweißte Abdampfstutzen sind ausgeführt worden. Abbildung 96 zeigt einen Abdampfstutzen einer großen Turbine mit angegossenem Doppellager.

Da die Lage des Abdampfstutzens unveränderlich sein muß, so wird das Gehäuse hier fixiert, durch seitliche, im Grundrahmen geführte Anschläge oder durch Stellstifte bzw. Bolzen zwischen Fuß und Grundrahmen, so daß die Ausdehnung nach der Hochdruckseite hin erfolgt; die Gehäusefüße müssen gleiten können oder, bei Aufhängung in den Lagern, das vordere Lager verschiebbar sein; es wird dabei durch seitliche Leisten oder Feder und Nut geführt. Damit das Gehäuse senkrecht in der Mitte bleibt, wird es durch Führungskeile, die in Böcken am Grundrahmen gleiten, geführt.

Zu beachten ist, daß die Stützung des Gehäuses nicht nur das Gewicht desselben, sondern bei darunterliegendem Kondensator noch den Luftüberdruck (Kondensatorzug) zu tragen hat, der recht beträchtlich sein kann.

Die Abdichtung an den Teilfugen geschieht durch Aufschaben der Flächen ohne Dichtmaterial oder mit in Leinöl getränktem Papier. Bei hohen Drücken wird der

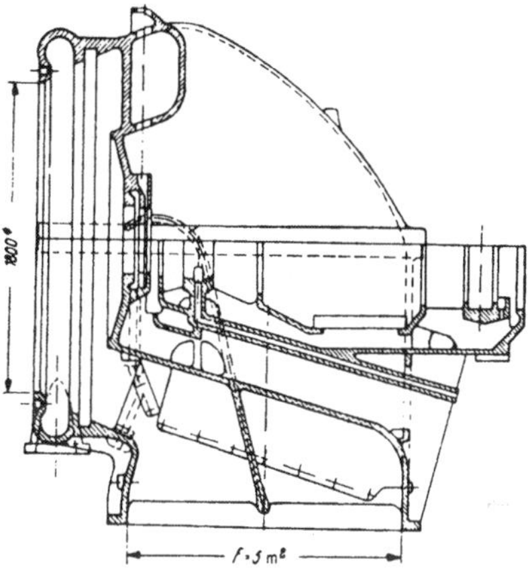

Abb. 96. Abdampfstutzen

Ringkanal vorn am Gehäuse nicht ganz herumgeführt, sondern vor dem Flansch unterbrochen, um im Flansch nicht gegen den hohen Druck dichten zu müssen, und der Dampf oben und unten getrennt zugeführt oder beide Frischdampfräume durch ein außen herumgeführtes Rohr verbunden.

Um das Gehäuse von hohem Druck zu entlasten, werden vielfach besondere Düsenkasten eingesetzt; s. Band III: Ausgeführte Turbinen.

Das Abdichten an der Durchtrittsstelle der Welle wird durch die Stopfbüchsen bewirkt.

III. Die Stopfbüchsen

Die Abdichtung der Welle bei ihrem Austritt aus dem Turbinengehäuse gestaltet sich besonders schwierig, weil eine zur Kühlung beitragende hin- und hergehende Bewegung, wie bei den Kolbendampfmaschinen, nicht vorhanden ist.

Die Hochdruckstopfbüchse hat meist das Ausströmen von Dampf nach außen, und nur bei geringer Belastung, bei der im ganzen Gehäuse Vakuum herrscht, den Eintritt von Luft in die Turbine zu verhindern; die Niederdruckstopfbüchse hat dagegen nur bei Gegendruckturbinen gegen ausströmenden Dampf, bei Kondensationsbetrieb aber gegen eintretende Luft zu dichten. Es wird deshalb der Niederdruck- (nötigenfalls auch der Hochdruck-) Stopfbüchse „Sperrdampf" zum Verhindern des Lufteintrittes zugeführt, wozu der aus der Hochdruckstopfbüchse dringende Dampf oder erforderlichenfalls gedrosselter Frischdampf benutzt wird. Der etwa überschüssige Abdampf der Hochdruckstopfbüchse wird in den Abdampfstutzen abgesaugt. Zwecks entsprechender Schaltung ist die Verbindungsleitung beider Stopfbüchsen unter Zwischenschaltung eines Ventils auch mit dem Vakuumraum und ferner mit einer absperrbaren Frischdampfleitung verbunden. Außen erhalten die Stopfbüchsen Wrasenkammern mit Wrasenrohren oben und Sickerdampfabführung unten. Im Betriebe sollen beide Stopfbüchsen ganz leicht dampfen.

Je nach der Ausführung unterscheidet man Labyrinth- und Liderungs-Stopfbüchsen.

A. Labyrinthstopfbüchsen

1. Die Wirkungsweise der aus einer Reihe von Labyrinthkammern bestehenden Dichtung beruht auf Drosselvorgängen, die durch eine Anzahl Querschnittsverengungen und darauffolgender Erweiterungen entstehen (s. auch Teil I).

In den Kammern wird die im Spalt erzeugte Geschwindigkeit durch Wirbel vernichtet, der Dampf erhält ein größeres Volumen und, da die Geschwindigkeit im folgenden Spalt nicht geändert ist, tritt eine Stauung ein, der Druck steigt, wodurch wieder die Geschwindigkeit im vorhergehenden Spalt sinkt, also weniger Dampf hindurch kann. Schließlich stellt sich ein Beharrungszustand ein, es kann nur eine bestimmte Menge austreten, die um so kleiner ist, je mehr Labyrinthkammern vorhanden und je kleiner der Spalt ist.

Die Labyrinthe werden durch Ringe von verschiedenen Querschnitten, wie sie Abb. 97, 98, 99 zeigen, gebildet; der

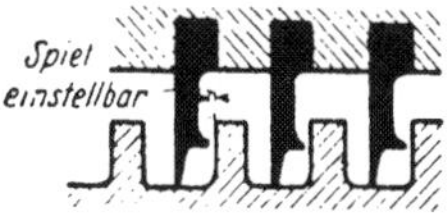

Abb. 97

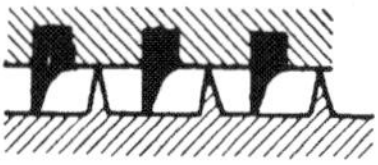

Abb. 98

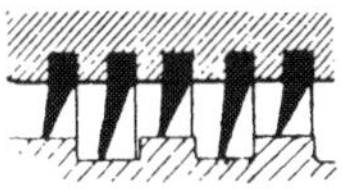

Abb. 99

Labyrinthdichtungen

Drosselspalt kann axial, radial oder beides sein, ersterer wird in der Nähe des Axiallagers (s. S. 129), letzterer in der davon entfernt liegenden Stopfbüchse, wo wegen der Ausdehnung das axiale Spiel nicht genau eingehalten werden kann, angewendet. Der axiale Spalt beträgt im kalten Zustande etwa 0,2 bis 0,3 mm, der radiale ist meist größer, etwa $^1/_{1000}$ Durchmesser, jedoch nicht weniger als 0,25 mm, also 0,5 mm im Durchmesser, wegen der Durchbiegung der Welle.

2. Die Berechnung der Labyrinthstopfbüchsen, d. h. die Ermittlung der durchtretenden Dampfmenge oder für eine zugelassene Verlustmenge der erforderlichen Anzahl von Labyrinthen kann nach Teil I, Gl. (59) bis (64) erfolgen. Der Durchmesser wird durch die Stärke der Welle bedingt.

3. Die Ausführung der Labyrinthbüchsen. Die Kämme in dem Stopfbüchsengehäuse (bzw. in der feststehenden

Schale) werden durch eingestemmte Ringe mit den in Abb. 97 bis 100 dargestellten Querschnitten aus Bronze, Messing oder Kupfer gebildet. In der Welle sind Kämme eingedreht, oder es wird auf die Welle eine Büchse aufgesetzt, in die die Ringe eingedreht sind, oder es werden dünne Nickelblechstreifen mittels Stemmdraht eingestemmt (vgl. Abb. 100 [BBC]). Die Büchse darf auf der Welle nur an einem Ende festgehalten sein und muß sich nach dem anderen frei ausdehnen können. Das Stopfbüchsengehäuse ist zweiteilig und wird

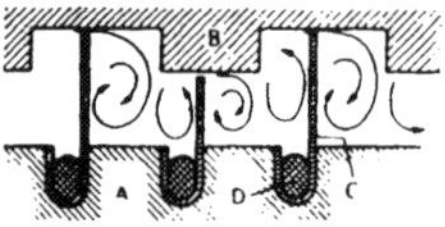

Abb. 100
Labyrinthstopfbüchsen-Dichtung

A = Welle
B = Gehäuse
C = Dichtungsstreifen
D = Stemmdraht

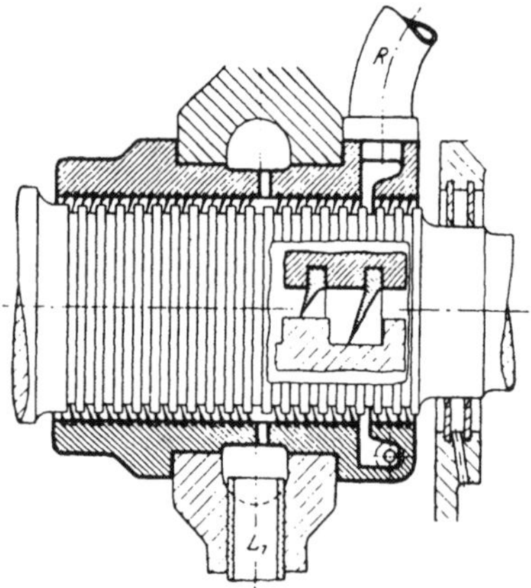

Abb. 101. Stopfbüchse von BBC

durch Schrauben zusammengehalten oder wie in Abbildung 101 (BBC) durch das Turbinengehäuse ohne Schrauben gehalten.

Die neue Stopfbüchse der AEG (Abb. 102) hat nachgiebige Schalen, die in einem Falz des Stopfbüchsengehäuses gehalten werden und bei Vibration der Welle ausweichen können. Die oberen Schalen werden durch seitliche Ansätze an den Flanschen im Stopfbuchsengehäuse gehalten; die Schalenhälften wie auch die Gehäusehälften sind verschraubt.

Eine Stopfbüchse der Bauart Röder mit wärmebeweglichen Dichtungsträgern (vgl. Abb. 68, S. 89) zeigt Ab-

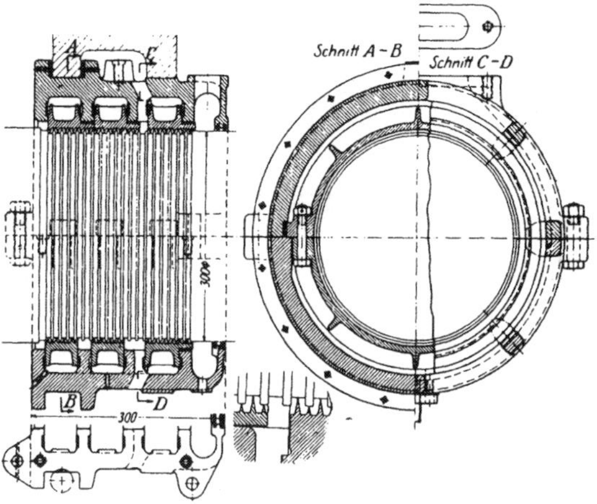

Abb. 102. Stopfbüchse der AEG

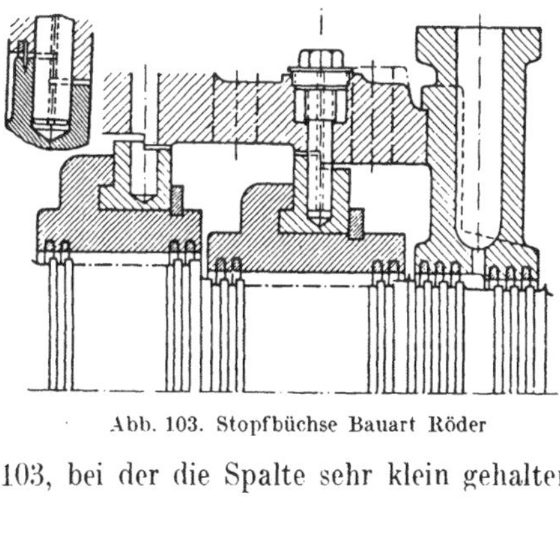

Abb. 103. Stopfbüchse Bauart Röder

bildung 103, bei der die Spalte sehr klein gehalten werden können.

Eine besondere Kohlelabyrinthstopfbüche (Abb. 104) wendet Escher Wyss an, bei der im Stopfbüchsengehäuse Kohle-Graphit-Ringe sitzen; die Büchsen auf der Welle haben Kämme, die bei Durchbiegung oder Vibration der

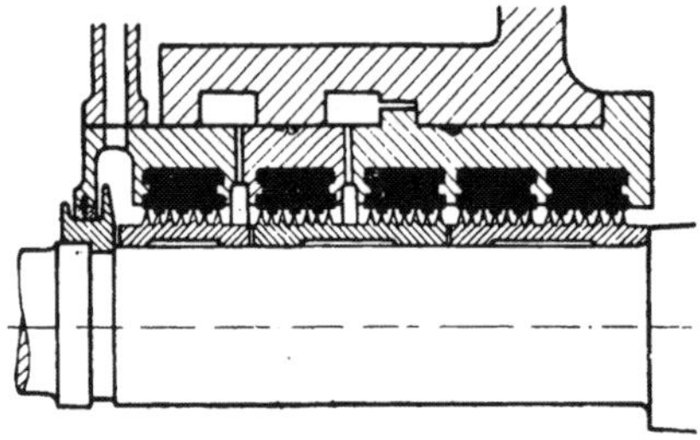

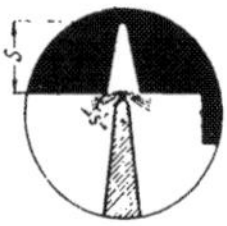

Abb. 104 Abb. 104a

Kohlelabyrinthstopfbüchse von Escher Wyss

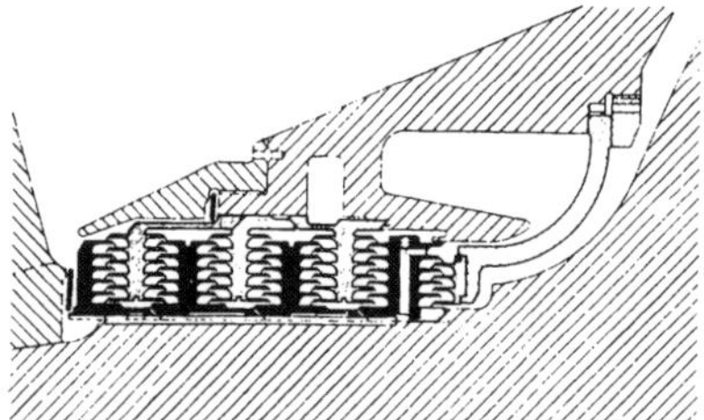

Abb. 105. Ljungströmstopfbüchse (MAN)

Welle in die Kohleringe einschneiden, ohne Gefahr der Erwärmung, wobei bei einer Tiefe S (Abbildung 104a) als Undichtheitsspalt nur die Weite s in Betracht kommt.

Die Radialturbinen erhalten konzentrische Dichtungselemente, wie sie Abb. 105 einer Ljungströmturbine der MAN zeigt, wodurch eine sehr große Anzahl von Dichtungsstellen erreicht wird. Auch die SSW wenden radiale Stopfbüchsen an. Die Abdichtung eines Ausgleichskolbens zeigt Abb. 68, S. 89.

B. Liderungsstopfbüchsen

Die Wirkungsweise dieser Stopfbüchsen ist im Prinzip dieselbe wie bei den Labyrinthen, nur werden weniger Kammern ausgeführt, dafür aber mit verschwindend kleinem Spiel zwischen Liderungsring und der Laufbüchse. Die Ausführung ist ähnlich der Schwabedichtung der Kolbendampfmaschinen, es werden aber keine Metall-, sondern Kohlenringe angewendet; die Kohlenringe *K* sind drei-, bei großem Durchmesser vierteilig, und werden durch eine Schlauchfeder *F* (Abb. 106) so zusammengehalten, daß sie ohne Druck auf der Laufbüchse schleifen; gegen Drehen sind sie durch Sicherungsbleche *S* (Abb. 106) oder *U*-Bügel gehalten. Durch Nachschaben in den Teilfugen können die Ringe nach eingetretenem Verschleiß wieder zum Anliegen gebracht werden. Die Laufbüchse ist aus Gußeisen, das durch die Kohle glatt geschliffen wird; sie muß sich in der Länge frei ausdehnen können. Die Kohlenringe sitzen in winkelförmigen Kammerringen *G* (Abb. 106), die gegeneinander gedrückt werden; die Kohlenringe sind zwischen den Kammerringen ohne Spiel beweglich, so daß sie durch die Bewegung der Welle nicht zertrümmert werden.

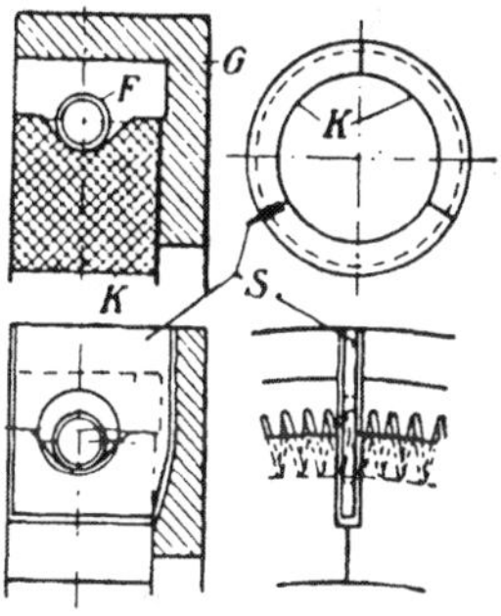

Abb. 106. Kohledichtkammer

Eine der mannigfaltigen Ausführungen von Kohlestopfbüchsen ist die Patent-Kohle-Wellfederstopfbüchse von Huhn[1]), die sich auch bei hohen Drücken und Temperaturen und hohen Umfangsgeschwindigkeiten gut bewährt hat. Sie hat in jeder Kammer je zwei dreiteilige Kohleringe *K*

[1]) Gustav Huhn, Berlin NW 87.

(Abb. 107)[1], die außen kegelig sind und durch einen äußeren keilförmigen Druckring R aus Bronze, Aluminium oder nichtrostendem Stahl an die Wände der Grundringe G gedrückt, wo sie elastisch klebend halten, ohne die Welle zu belasten. Die Ringe R sind zur Gewichtsverringerung aus-

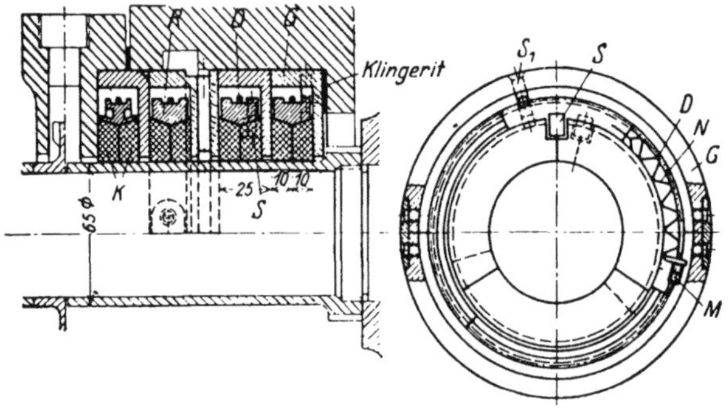

Abb. 107. Huhn-Stopfbüchse

gespart und werden von einem Spanndraht D umgeben, zwischen dessen Enden eine Wellfeder N eingeschaltet ist, welche ihre Spannung auf den Druckring überträgt und durch die Mutter M nachgespannt werden kann.

Auch Stopfbüchsen mit Wasserabschluß werden angewendet.

IV. Die Lager der Turbinen

1. Die Berechnung der Lager. Die Turbinenlager haben wesentlich höhere Zapfgeschwindigkeiten, als die der Kolbenmaschinen, es muß deswegen jede metallische Berührung der Laufflächen ausgeschlossen sein, andernfalls würde Heißlaufen eintreten. Damit mit Sicherheit zwischen den Laufflächen eine genügend starke, von der Zähigkeit des Öles

[1]) Aus Zietemann, Dampfturbinen, s. Literatur, Teil 1.

abhängige Ölschicht vorhanden ist, muß der Flächendruck den jeweils vorliegenden Verhältnissen entsprechen und die Wärme abgeleitet werden. Bei größeren Einheiten wird Druckölschmierung (s. u.) angewendet, die dazu dient, durch reichlich zirkulierende Ölmenge die Reibungswärme und die „Kriechwärme" aus dem heißen Wellenteil im Gehäuse abzuführen, da die Masse und die Ausstrahlungsfläche des Lagers nicht genügen. Wegen der Kriechwärme muß man die Hilfsölpumpe noch längere Zeit nach dem Abstellen der Turbine laufen lassen.

Infolge der Bedeutung der Kenntnis aller Umstände, von denen die günstige Lagerbemessung und Ausführung und damit die Betriebssicherheit abhängt, ist eine hydrodynamische Theorie[1]) der Lager entstanden, nach der die Druckverteilung, Reibungsverhältnisse u. a. beurteilt werden können, deren nähere Betrachtung aber über den Rahmen dieses Buches hinausgehen würde.

Die Verhältnisse sind durch die wertvollen praktischen Versuche von Lasche[2]), Stribeck[3]), Gümbel[4]), v. Freudenreich[5]) und Kucharski[6]) wesentlich geklärt. Es sei P kg die Lagerbelastung, k die mittlere spez. Flächenpressung kg/cm², v die Zapfenumfangsgeschwindigkeit m/s, d bzw. l cm der Zapfendurchmesser bzw. die Länge und μ der Reibungskoeffizient, dann ist $P = kld$ kg, die Gesamtreibung $K_r = \mu P$ kg und die Reibungsarbeit

$$A_r = K_r v = \mu k l d v \text{ mkg/s.} \tag{49}$$

Lasche fand, daß

$$\mu k t = \text{konst.} = 2 \tag{50}$$

---

[1]) A. Stodala (s. Literatur); Kucharski, Z. f. d. ges. Turbw. 1918, S. 53; Gümbel, Z. f. d. ges. Turbw. 1918, S. 205.

[2]) Lasche-Kieser, Konstruktion und Material im Bau von Dampfturbinen. Springer, Berlin 1928. Z. d. V. D. I. 1902, S. 1881 u. Fußnote S. 55.

[3]) Z. d. V. D. I. 1902, S. 1341.

[4]) Schiffsbautechn. Jahrbuch 1917, S. 236.

[5]) Mitteilungen von Brown, Boveri & Cie. 1917, S. 1.

[6]) Z. f. ges. Turbinenwesen 1913, S. 53.

ist für eine Lagertemperatur $t = 30$ bis 100^0, $k = 1$ bis 15 at. und $v = 5$ bis 20 m/s.

Der Arbeitswert der Wärmeabgabe ist

$$A'_r = \beta \pi \, d \, l \, (t - t_0) \text{ mkg/h}, \tag{51}$$

wenn β ein Koeffizient, der etwas steigend mit der Temperatur zu $\beta = 2$ bis 2,5 angenommen werden kann, t die Schmierschicht- und t_0 die Umgebungstemperatur.

Wird keine Wärme durch Ölkühlung abgeführt, so muß der Arbeitswert der Wärmeabgabe größer oder mindestens gleich sein der Reibungsarbeit, somit auf 1 Stunde bezogen

$$3600 \, \mu \, k l d v = \beta \pi \, d \, l \, (t - t_0)$$

oder, da nach Gl. (50) $\mu \, k = 2/t$,

$$t \, (t - t_0) = 3600 \, \frac{2 \, v}{\pi \, \beta} \cong 3600 \cdot v/\pi$$

oder mit $v = \pi \, d \, n : 60 : 100$

$$t \, (t - t_0) = 0{,}6 \, dn, \tag{52}$$

woraus t errechnet werden kann. Diese Temperatur muß unter 125^0 C bleiben, da nach Versuchen von Lasche darüber hinaus die Schmierfähigkeit der Öle plötzlich abnimmt. Ergibt die Rechnung eine zu hohe Temperatur, so muß eine Kühlung des Lagers vorgesehen werden (s. u.).

Der Zapfendurchmesser ist durch die Wellenberechnung festgelegt; die Zapfenlänge muß nun mit Rücksicht auf den Flächendruck und auf die Abführung der Reibungswärme ermittelt werden, soll aber $\sim 1{,}2 \, d$ nicht überschreiten.

Die Flächenpressung ist nach neueren Forschungen vom Lagerspiel, von der kleinsten Schmierschichtstärke (Ölzähigkeit) und vom Zapfendurchmesser abhängig. Nach Falz[1]) ist die zulässige Belastung

[1]) E. Falz, Grundzüge der Schmiertechnik, Jul. Springer. Berlin 1931.

(53) $$k = \frac{dz\omega}{3{,}84 \cdot \psi \cdot h} \text{ kg/m}^2 = \frac{d \cdot z \cdot \omega}{3{,}84 \cdot 10^4 \cdot \psi} \cdot \frac{d}{D-d} \text{ kg/cm}^2 .$$

worin der Zapfendurchmesser in cm, z — die Ölzähigkeit in $\text{kg} \cdot \text{s/m}^2$. $\omega = \pi n/30$ die Winkelgeschwindigkeit, $\psi = (D-d):d$ das verhältnismäßige Lagerspiel und h die geringste Schmierschichtstärke in cm (im Mittel $h = 0{,}01$ mm $= 0{,}001$ cm). Danach ist die zulässige Belastung um so größer, je größer der Durchmesser und die Drehzahl und je kleiner das Lagerspiel. Es ergeben sich damit viel höhere Belastungen, als bisher angenommen. Mit Rücksicht auf ruhigen Lauf und die Reibung wird man das Spiel nicht zu klein wählen. Nach Versuchen von v. Freudenreich[1]) ist die Reibungszahl am kleinsten bei einem Lagerspiel von 0,5‰, also $\psi = 0{,}005$.

Umgekehrt kann aus Gl. (53) für eine bestimmte Lagerbelastung das günstigste Lagerspiel ermittelt werden.

Die Ölzähigkeit[2]) z ist von der Ölart und von der Temperatur abhängig; die relative Zähigkeit wird in Englergraden E^0 gemessen, die absolute Zähigkeit ist dann angenähert

(54) $$z = E^0 : 1490 \text{ kg} \cdot \text{s/m}^2$$

(im Mittel $z = 0{,}003 - 0{,}004$).

Die geringste Schmierschichtstärke h ist von der Ölzähigkeit, von d, n und k abhängig[2])

(55) $$h = 0{,}7\, d \sqrt{\frac{z \cdot n}{k}} \text{ mm} .$$

Die Berechnung der Lagerlänge kann nun mit dem ermittelten Druck k erfolgen, $l = P/kd$. Für kleine Turbinen und geringe Belastung P ergeben sich häufig sehr geringe Lagerlängen; man wählt dann bei Ringschmierung $k = 3$

---

[1]) S. Fußnote 5, S. 123.
[2]) A. Thum, Die Werkstoffe des Maschinenbaues, S. G. 936.

kg/cm², bei Druckschmierung $k = 7{,}5$ kg/cm² oder aus konstruktiven Gründen $l = d$ bis $1{,}2\,d$.

Die Wärmeableitung erfordert ihrerseits genügende Lagerlänge, die aus Gl. (49) ermittelt werden kann, wenn μ bekannt ist. Für mittlere Verhältnisse kann [1])

$$\mu = 0{,}01 \sqrt{\frac{z \cdot n}{k}} \tag{56}$$

angenommen werden.

Bei künstlicher Kühlung (Druckölschmierung mit reichlichen Ölmengen) kann die Lagerwärme ohne Schwierigkeiten abgeführt werden und erlaubt geringe Lagerlänge.

Wesentlich für die Reibungsarbeit ist das radiale Spiel zwischen Zapfen und Schale[2]), das nicht zu knapp sein darf, damit das Öl an der unbelasteten Seite keine Pressung mehr hat. Die Ölzuführung muß so angeordnet sein, daß keine Unterbrechung der tragenden Ölschicht eintritt und der Öldruck klein sein kann. Die üblichen Nuten haben sich als nachteilig erwiesen.

2. Die Ausführung der Lager. a) Traglager. Die Konstruktion der Lager muß den gestellten hohen Anforderungen (hohe Umlaufgeschwindigkeit, Schwingungen u. a. m.) gerecht werden können, wodurch sich Abweichungen gegenüber den sonst üblichen Lagern ergeben. Die gußeisernen Schalen sind mit bestem Weißmetall ausgegossen, das sauber geglättet wird.

Um bei der Durchbiegung der Welle die hohe Pressung an der Schalenkante zu vermeiden, wird die Schale kugelig gelagert, wie zuerst von de Laval ausgeführt.

Auch bei starren Wellen wird kugelige Lagerung der Schalen angewendet, andererseits findet man bei Wellen, deren kritische Umlaufzahl unter der Betriebsdrehzahl liegt, zylindrisch gelagerte Schalen.

---

[1]) S. Fußnote 1, S. 124.

[2]) S. Fußnote 5, S. 123.

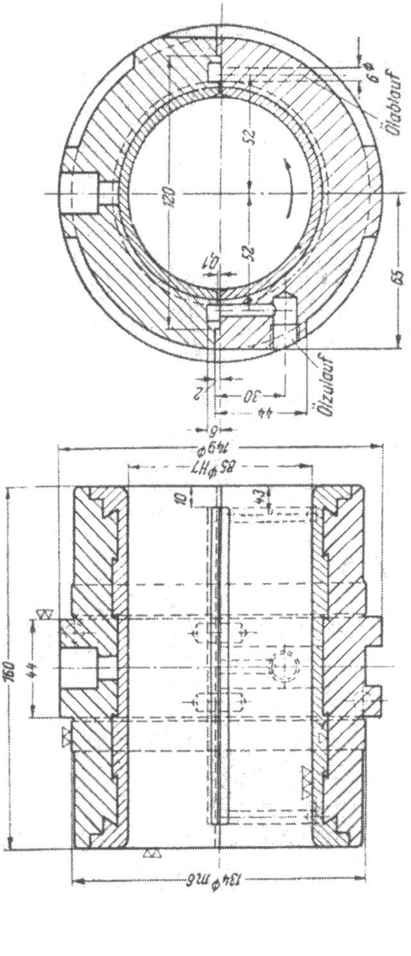

Abb. 108. Lagerschalen einer Kleinturbine (Bekawerk)

Bei Turbinen kleinerer Leistung mit leichtem Laufzeug und starrer Welle, bei denen die Reibungswärme durch den Lagerkörper abgeführt werden kann, wird vielfach Ringschmierung genügen. Genügt die Wärmeabfuhr durch die Lagermassen nicht, so kann das Öl im Lager gekühlt werden, entweder durch Zirkulieren von Kühlwasser um den Ölraum oder durch eine im Ölraum verlegte Kühlschlange. Bei größeren Einheiten genügt Ringschmierung nicht mehr.

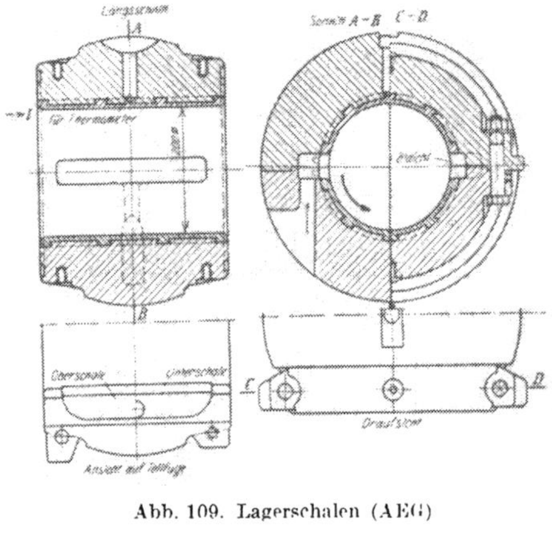

Abb. 109. Lagerschalen (AEG)

es wird alsdann Druckschmierung angewendet. Neuerdings werden auch Kleinturbinen mit Druckölschmierung versehen; eine Lagerschale dazu zeigt Abb. 108 (Bekawerk).

Das Drucköl tritt seitlich ein in den Längskanal und verteilt sich durch den an der Teilfuge der Schalen befindlichen Längsspalt über fast die ganze Schalenlänge. Das durch den umlaufenden Zapfen auf die andere Seite mitgenommene warme Öl läuft durch die Längskammer, die unten Abflußlöcher hat, ab.

Lagerschalen der AEG zeigt Abb. 109 für große Leistungen. Das Öl tritt unten seitlich ein in den Längskanal (Schnitt *AB*) und läuft, wie oben beschrieben, auf der anderen Seite ab (im Schnitt *C*—*D* nicht sichtbar).

Nach den gleichen Gesichtspunkten sind die Lagerschalen von BBC (Abb. 110) durchgebildet: Öleintritt bei *E* in den Raum *B* der Oberschale, Verteilung durch die Nuten *C* und *D* über die Zapfenlänge, Ablauf nach den Seiten, wobei das Öl auf der äußeren Lagerseite (bei einfachem Lager auf beiden Seiten) in die Kammer *K* tritt, die das seitliche Spritzen verhindert, und durch den Ablauf *A* in den Lagerkörper gelangt. Die Schalen haben keine Kugelfläche, sondern schmalen zylindrischen Wulst *W* mit noch schmälerer Auflage, so daß Einstellung durch Kippen der Schalen möglich ist. Die Schalen werden stets ohne Schmiernuten ausgeführt, die den Ölfilm nur ungünstig unterbrechen.

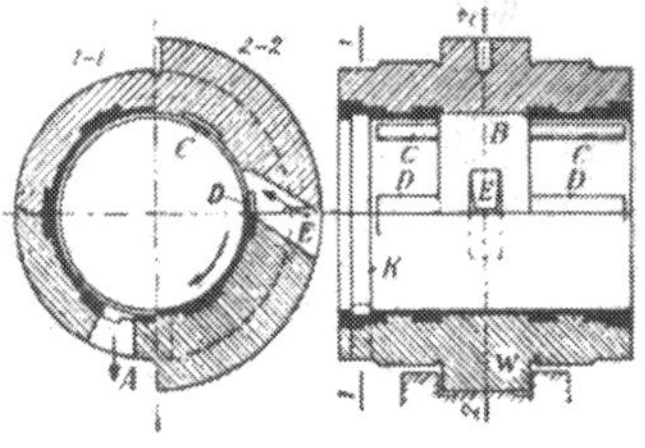

Abb. 110. Lagerschalen von BBC

Die Schalen werden durch Stifte (Abb. 108), Paßschrauben (Abb. 109) oder durch Federkeile in ihrer gegenseitigen Lage gehalten und durch Zapfen oder Vorsprünge an der Oberschale (Abb. 109) am Mitrotieren verhindert.

b) Die Spur- oder Drucklager dienen zur Aufnahme des nicht ausgeglichenen Axialschubes (s. S. 88) oder, wo solcher nicht vorhanden, zur axialen Fixierung des Läufers.

Bei kleinen Einheiten genügen häufig seitliche Bunde. Bei größeren Leistungen wird stets ein Drucklager angeordnet, das häufig mit dem Traglager verbunden ist.

Als Spurlager werden neuerdings Einscheiben-(Michell-) Lager angewendet; sie bestehen aus einem auf der Welle befestigten oder mit ihr einstückigem Druckring und einer Anzahl Druckklötze, die um eine Kante kippen können und einen Ölkeil bilden, wodurch große Kräfte aufgenommen werden können. Abb. 111 zeigt ein solches Lager der AEG für eine Schubrichtung, vereinigt mit dem Traglager.

Weitere Ausführungsarten der Lager sind aus den Turbinenbauarten in Teil III ersichtlich.

3. Die Schmierung und Kühlung. Zur Schmierung darf nur vollständig harz- und säurefreies bestes Öl (Zylinderöl) verwendet werden.

Bei Ringschmierung muß die Ölmenge im Lager reichlich groß sein, um die Wärme abführen zu können und damit Verschleißteilchen Zeit finden, sich abzusetzen. Die Ölmenge kann durch Ölstandglas beobachtet werden. Erforderlichenfalls wird das Öl im Lager durch Kühlwasser gekühlt.

Bei Druckschmierung wird das Öl durch eine Zahnradpumpe, die von der Reglerwelle angetrieben wird, mit 0,3 bis 1 at. Überdruck in die Lager geführt, jedoch die Menge bei jedem Lager durch einen Drosselhahn eingestellt. Das ablaufende warme Öl wird in einem Behälter gesammelt, filtriert und gekühlt, entweder durch in dem Behälter verlegte Kühlschlangen oder meist in einem besonderen Röhrenkühler, und wird alsdann von der Pumpe wieder in den Kreislauf gefördert.

Das Öl verliert mit der Zeit seine Schmierfähigkeit und muß erneuert werden, indem von Zeit zu Zeit durch Nachfüllen die Ölverluste (Verspritzen, Verdampfen, Verschlammen durch Verschleißteilchen) ersetzt werden.

Der Schmierölverbrauch (Zusatzölmenge) für die Betriebsstunde in Gramm beträgt annähernd wie folgt:

Leistung PS_e	50	100	500	1000	2000	5000	10000	20000
Ölverbrauch g	50	75	100	160	220	250	270	280

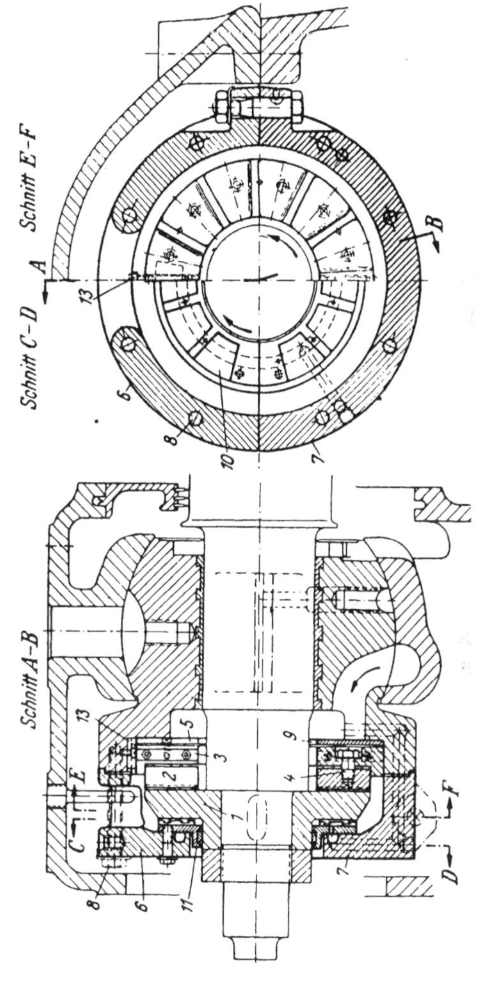

Abb. 111. Trag- und Drucklager der AEG

Die für ein Lager erforderliche zirkulierende Ölmenge Q in l/s ergibt sich aus der Beziehung

$$A_r : 427 = Q\, c_ö\, (t_a - t_e)$$

mit A_r nach Gl. (49), $c_ö = 0{,}29$ spezifischer Wärme des Öles, t_e bzw. t_a Ein- bzw. Austrittstemperatur des Öles ohne Berücksichtigung der Luftkühlung, da diese häufig gering ist, wegen der Strahlungswärme des Turbinengehäuses.

Die erforderliche Kühlwassermenge ist von der Anordnung der Kühlung, von der Erwärmung usw. abhängig und ist ungefähr doppelt so groß wie die umlaufende Ölmenge.

Damit beim Anlassen der Turbine alle Ölleitungen gefüllt sind und die Lager gleich Drucköl erhalten, ist außer der Hauptölpumpe noch eine Hilfsölpumpe vorhanden, die bei mittleren Einheiten als von Hand betätigte Zahnradpumpe, bei größeren Einheiten meist als durch eine kleine Dampfturbine angetriebene Kreiselpumpe, die in den Ölbehälter gehängt ist, ausgeführt wird.

Die gesamte Anordnung der Lager und der Ölleitungen ist aus den Abbildungen der Turbinenbauarten in Teil III ersichtlich.

Sachregister

GESAMTVERZEICHNIS

SAMMLUNG GÖSCHEN

DAS WISSEN DER WELT IN KURZEN KLAREN, ALLGEMEINVERSTÄNDLICHEN EINZELDARSTELLUNGEN NACH DEN LEHRPLÄNEN DER DEUTSCHEN UNIVERSITÄTEN UND HOCHSCHULEN AUFGEBAUT

JEDER BAND DM 2,40

DOPPELBAND DM 4,80

STAND JANUAR 1956

WALTER DE GRUYTER & CO.

BERLIN W 35

INHALTSVERZEICHNIS

Geisteswissenschaften

Philosophie

Einführung in die Philosophie von *H. Leisegang.* 2. Auflage. 145 Seiten. 1953. . . . . Bd. 281

Erkenntnistheorie von *G. Kropp.* 1. Teil: Allgemeine Grundlegung. 143 Seiten. 1950 . . . . Bd. 807

Hauptprobleme der Philosophie von *G. Simmel†.* 7., unveränd. Auflage. 177 Seiten. 1950 . . . . Bd. 500

Geschichte der Philosophie

I: Die griechische Philosophie von *W. Capelle.* 1. Teil. Von Thales bis Leukippos. 2., erweiterte Auflage. 135 Seiten. 1953 . . . . Bd. 857

II: Die griechische Philosophie von *W. Capelle.* 2. Teil. Von der Sophistik bis zum Tode Platons. 2., stark erweiterte Auflage. 144 Seiten 1953 . . . . Bd. 858

III: Die griechische Philosophie von *W. Capelle.* 3. Teil. Vom Tode Platons bis zur Alten Stoa. 2., stark erweiterte Auflage. 132 Seiten. 1954 . . . . Bd. 859

IV: Die griechische Philosophie von *W. Capelle.* 4. Teil. Von der Alten Stoa bis zum Eklektizismus im 1. Jahrhundert v. Chr. 2., stark erweiterte Auflage. 132 Seiten. 1954 . . . . Bd. 863

V: Die Philosophie des Mittelalters von *J. Koch.* In Vorbereitung . . . . Bd. 826

VI: Von der Renaissance bis Kant von *K. Schilling.* 234 Seiten. 1954 . . . . Bd. 394/394a

VII: Immanuel Kant von *G. Lehmann.* In Vorbereitung. Bd. 536

VIII: Die Philosophie des 19. Jahrhunderts von *G. Lehmann.* 1. Teil. 151 Seiten. 1953 . . . . Bd. 571

IX: Die Philosophie des 19. Jahrhunderts von *G. Lehmann.* 2. Teil. 168 Seiten. 1953 . . . . Bd. 709

X: Die Philosophie im ersten Drittel des 20. Jahrhunderts von *G. Lehmann.* In Vorbereitung . . . . . Bd. 845

Die geistige Situation der Zeit (1931) von *K. Jaspers.* 3., unveränderter Abdruck der 1932 bearbeiteten 5. Auflage. 211 Seiten. 1953. Zur Zeit nur Ganzleinen DM 4,80 Bd. 1000

Philosophisches Wörterbuch von *M. Apel †.* 4., unveränderte Auflage. 260 Seiten. 1953 . . . . Bd. 1031

Philosophische Anthropologie von *M. Landmann.* 266 Seiten. 1955 . . . . Bd. 156/156a

Pädagogik · Psychologie · Soziologie

Geschichte der Pädagogik von *H. Weimer.* 11., neubearbeitete und vermehrte Auflage. 176 Seiten. 1954 . . . . Bd. 145

Therapeutische Psychologie. Freud — Adler — Jung von *W. M. Kranefeldt.* Mit einer Einführung von *C. G. Jung.* 2. Auflage. 152 Seiten. 1950 . . . . Bd. 1034

Sozialpsychologie von *P. R. Hofstätter.* 1956. In Vorbereitung Bd. 104/104a

Psychologie des Berufs- und Wirtschaftslebens von *W. Moede.* 1956. In Vorbereitung . . . . Bd. 851

Soziologie. Geschichte und Hauptprobleme von *L. von Wiese.* 5. Auflage. 162 Seiten. 1954 . . . . Bd. 101

Industrie- und Betriebssoziologie von *R. Dahrendorf.* 118 Seiten. 1956 . . . . Bd. 103

Religionswissenschaften

Jesus von *M. Dibelius †*. 2. Auflage. Unveränderter Nachdruck. 137 Seiten. 1949 . . . . Bd. 1130

Paulus von *M. Dibelius †*. Nach dem Tode des Verfassers herausgegeben und zu Ende geführt von *W. G. Kümmel*. 2. Auflage. 155 Seiten. 1956 . . . . Bd. 1160

Musik

Musikästhetik von *H. J. Moser*. 180 Seiten. 1953 . . . . Bd. 344

Systematische Modulation von *R. Henried*. 2. Auflage. 136 Seiten. 1950 . . . . Bd. 1094

Der polyphone Satz von *E. Pepping*. 1. Teil: Der cantus-firmus-Satz. 2. Auflage. 223 Seiten. 1950 . . . . Bd. 1148

Harmonielehre von *H. J. Moser*.
I: 109 Seiten. 1954 . . . . Bd. 809

Technik der deutschen Gesangskunst von *H. J. Moser*. Dritte, durchges. u. verbesserte Auflage. 144 Seiten mit 5 Fig. 1954 . . . . Bd. 576/576a

Die Kunst des Dirigierens von *H. W. von Waltershausen †*. 2. Auflage. 138 Seiten. 1954 . . . . Bd. 1147

Die Technik des Klavierspiels aus dem Geiste des musikalischen Kunstwerkes von *K. Schubert †*. 3. Auflage. 110 Seiten. 1954 . . . . Bd. 1045

Die Musik des 19. Jahrhunderts von *W. Oehlmann*. 180 Seiten. 1953 . . . . Bd. 170

Allgemeine Musiklehre von *H. J. Moser*.
2., durchges. Auflage. 155 Seiten. 1955 . . . . . Bd. 220/220a

Kunst

Stilkunde von *H. Weigert*.
I: Vorzeit, Antike, Mittelalter. 2. Auflage. 136 Seiten. Mit 94 Abbildungen. 1953 . . . . Bd. 80
II: Spätmittelalter und Neuzeit. 2. Auflage. 146 Seiten. Mit 84 Abbildungen. 1953 . . . . Bd. 781

Archäologie von *A. Rumpf*.
I: Einleitung, historischer Überblick. 143 Seiten mit 6 Abbildungen im Text und 12 Tafeln. 1953 . . . . . Bd. 538
II: Die Archäologensprache. Die antiken Reproduktionen. 136 Seiten mit 7 Abbildungen im Text und 12 Tafeln. 1956 . . . . Bd. 539

Geschichte

Einführung in die Geschichtswissenschaft von *P. Kirn*. 2. Auflage. 121 Seiten. 1952 . . . . Bd. 270

Kultur der Urzeit von *F. Behn*. 4. Auflage der „Kultur der Urzeit". Band I—III von *M. Hoernes*.
I: Die vormetallischen Kulturen. (Die Steinzeiten Europas. Gleichartige Kulturen in anderen Erdteilen). 172 Seiten mit 48 Abbildungen. 1950 . . . . Bd. 564
II: Die älteren Metallkulturen. (Der Beginn der Metallbenutzung. Kupfer- und Bronzezeit in Europa, im Orient und in Amerika). 160 Seiten mit 67 Abbildungen. 1950 Bd. 565
III: Die jüngeren Metallkulturen. (Das Eisen als Kulturmetall. Hallstatt-Latène-Kultur in Europa. Das erste

Auftreten des Eisens in den anderen Erdteilen). 149 Seiten mit 60 Abbildungen. 1950 . . . . Bd. 566

Vorgeschichte Europas von *F. Behn.* Völlig neue Bearbeitung der 7. Auflage der „Urgeschichte der Menschheit" von *M. Hoernes.* 125 Seiten mit 47 Abbildungen. 1949 . . Bd. 42

Von den Karolingern zu den Staufern von *J. Haller.* Die altdeutsche Kaiserzeit (900—1250). 3. Auflage. 141 Seiten mit 4 Karten. 1944 . . . . Bd. 1065

Deutsche Geschichte im Zeitalter der Reformation, der Gegenreformation und des 30jährigen Krieges von *F. Hartung.* 129 Seiten. 1951 . . . . Bd. 1105

Deutsche Geschichte von 1648 bis zur Gegenwart von *W. Treue* (4 Bände). In Vorbereitung . . . . Bd. 35

Quellenkunde der deutschen Geschichte im Mittelalter (bis zur Mitte des 15. Jahrhunderts) von *K. Jacob †.*

I: Einleitung. Allgemeiner Teil. Die Zeit der Karolinger. 5. Auflage. 118 Seiten. 1949 . . . . Bd. 279

II: Die Kaiserzeit (911—1250). 4. Auflage. 127 Seiten. 1949 . . . . Bd. 280

III: Das Spätmittelalter (vom Interregnum bis 1500). Unter Verwendung der Hinterlassenschaft herausgegeben von *F. Weden.* 152 Seiten. 1952 . . . . Bd. 284

Badische Geschichte von *A. Krieger.* 137 Seiten. 1921 . . . Bd. 230

Geschichte Englands von *H. Preller.*

I: bis 1815. 3., stark umgearbeitete Auflage. 135 Seiten mit 7 Stammtafeln und 2 Karten im Text. 1952. . . . Bd. 375

II: von 1815 bis 1910. 2., völlig umgearb. Auflage. 118 S. mit 1 Stammtafel und 7 Karten im Text. 1954 . . Bd. 1088

Geschichte der Vereinigten Staaten von Amerika von *O. Graf zu Stolberg-Wernigerode.* 192 Seiten mit 10 Karten im Text. 1956. . . . . Bd. 1051/1051a

Deutsche Sprache und Literatur

Deutsches Rechtschreibungswörterbuch von *M. Gottschald.* 2., verbesserte Auflage. 269 Seiten. 1953 . . . . Bd. 200/200a

Deutsche Wortkunde von *A. Schirmer.* Eine kulturgeschichtliche Betrachtung des deutschen Wortschatzes. 3., durchgesehene Auflage. 109 Seiten. 1949 . . . . Bd. 929

Deutsche Sprachlehre von *W. Hofstaetter.* 9., neubearbeitete Auflage von *G. Spree.* 144 Seiten. 1953 . . . . Bd. 20

Stimmkunde für Beruf, Kunst und Heilzwecke von *H. Biehle.* 111 Seiten. 1955 . . . . Bd. 60

Redetechnik von *H. Biehle.* Einführung in die Rhetorik. 115 Seiten. 1954 . . . . Bd. 61

Sprechen und Sprachpflege von *H. Feist.* (Die Kunst des Sprechens). 2., verbesserte Auflage. 99 Seiten mit 25 Abbildungen. 1952 . . . . Bd. 1122

Der Nibelunge Nôt in Auswahl mit kurzem Wörterbuch von *K. Langosch.* 9., umgearbeitete Auflage. 164 Seiten. 1953 Bd. 1

Deutsches Dichten und Denken von der germanischen bis zur staufischen Zeit von *H. Naumann.* (Deutsche Literaturgeschichte vom 5.—13. Jahrhundert). 2., verbesserte Auflage. 166 Seiten. 1952 . . . . Bd. 1121

Deutsches Dichten und Denken vom Mittelalter zur Neuzeit von *G. Müller* (1270—1700). 2., durchgesehene Auflage. 159 Seiten. 1949 . . . . Bd. 1086

Die deutschen Personennamen von *M. Gottschald.* 2., verbesserte Auflage. 151 Seiten. 1955 . . . . Bd. 422
Althochdeutsches Elementarbuch von *H. Naumann †* und *W. Betz.* 2. Auflage. 156 Seiten. 1954. . . . . Bd. 1111
Mittelhochdeutsche Grammatik von *H. de Boor* und *R. Wisniewski.* 139 Seiten. 1956 . . . . Bd. 1108

Indogermanisch · Germanisch

Gotisches Elementarbuch von *H. Hempel.* Grammatik, Texte mit Übersetzung und Erläuterungen. 2., umgearbeitete Auflage. 165 Seiten. 1953 . . . . Bd. 79
Germanische Sprachwissenschaft von *H. Krahe.*
I: Einleitung und Lautlehre. 3. Auflage. In Vorbereitung Bd. 238
II: Formenlehre. 2. Auflage. 140 Seiten .1948 . . . . . Bd. 780
Altnordisches Elementarbuch von *F. Ranke.* Schrifttum, Sprache, Texte mit Übersetzung und Wörterbuch. 2., durchgesehene Auflage. 146 Seiten. 1949 . . . . Bd. 1115

Englisch · Französisch · Italienisch

Altenglisches Elementarbuch von *M. Lehnert.* Einführung, Grammatik, Texte mit Übersetzung und Wörterbuch. 3., verbesserte Auflage. 178 Seiten. 1955 . . . . . . Bd. 1125
Historische neuenglische Laut- und Formenlehre von *E. Ekwall.* 3., durchgesehene Auflage. 150 Seiten. 1956 . . Bd. 735
Englische Literaturgeschichte.
I: Die alt- und mittelenglische Periode von *F. Schubel.* 163 Seiten. 1954 . . . . Bd. 1114
II: Von der Renaissance bis zur Aufklärung von *Paul Meissner †.* 139 Seiten. 1937 . . . . Bd. 1116
III: Romantik und Viktorianismus von *Paul Meissner †.* 150 Seiten. 1938 . . . . Bd. 1124
IV: Das 20. Jahrhundert von *Paul Meissner †.* 150 Seiten. 1939 . . . . Bd. 1136
Beowulf von *M. Lehnert.* Eine Auswahl mit Einführung, teilweiser Übersetzung, Anmerkungen und etymologischem Wörterbuch. 2., verbesserte Auflage. 135 Seiten. 1949 Bd. 1135
Shakespeare von *P. Meissner †.* 2. Auflage, neubearbeitet von *M. Lehnert.* 136 Seiten. 1954 . . . . Bd. 1142
Romanische Sprachwissenschaft von *H. Lausberg.*
I: Einleitung und Vokalismus. 160 Seiten. 1956 . . Bd. 128/128a
II: Konsonantismus. 95 Seiten. 1956 . . . . Bd. 250
Italienische Literaturgeschichte von *K. Vossler †.* Unveränderter Nachdruck der 1927 erschienenen 4., durchgesehenen und verbesserten Auflage. 148 Seiten. 1948 Bd. 125

Griechisch · Lateinisch

Griechische Sprachwissenschaft von *W. Brandenstein.*
I: Einleitung, Lautsystem, Etymologie. 160 Seiten. 1954 Bd. 117
II: In Vorbereitung . . . . Bd. 118
Geschichte der griechischen Sprache
I: Bis zum Ausgang der klassischen Zeit. Von *O. Hoffmann †.* 3., umgearbeitete Auflage von *A. Debrunner.* 156 Seiten. 1954 . . . . Bd. 111
II: Grundfragen und Grundzüge d. nachklass. Griechisch. Von *A. Debrunner.* 144 Seiten. 1954 . . . . Bd. 114

Geschichte der griechischen Literatur von *W. Nestle*. 2., verbesserte Auflage.
I: Von den Anfängen bis auf Alexander d. Gr. 148 Seiten. 1950 . . . . Bd. 70
II: Von Alexander d. Gr. bis zum Ausgang der Antike. 128 Seiten. 1948 . . . . Bd. 557

Geschichte der lateinischen Sprache von *F. Stolz †*. 3., stark umgearbeitete Auflage von *A. Debrunner*. 136 Seiten. 1953 . . . . Bd. 492

Hebräisch · Sanskrit · Russisch

Hebräische Grammatik von *G. Beer †*. 2., völlig neubearbeitete Auflage von *R. Meyer*.
I: Schrift-, Laut- und Formenlehre I. 157 Seiten. 1952. Bd. 763/763a
II: Schrift-, Laut- und Formenlehre II. 195 Seiten. 1955 . . . . Bd. 764/764a

Sanskrit-Grammatik von *M. Mayrhofer*. 89 Seiten. 1953 . . Bd. 1158

Russische Grammatik von *G. Berneker*. 6., unveränderte Auflage von *M. Vasmer*. 155 Seiten. 1947 . . . . Bd. 66

Erd- und Länderkunde

Afrika von *F. Jaeger*. Ein geographischer Überblick. 2., umgearbeitete Auflage.
I: Der Lebensraum. 179 Seiten mit 18 Abbildungen. 1954 Bd. 910
II: Mensch und Kultur. 155 Seiten mit 6 Abbildungen. 1954 Bd. 911

Iberoamerika von *O. Quelle*. In Vorbereitung . . . . Bd. 856

Australien und Ozeanien von *H. J. Krug*. 176 Seiten mit 46 Skizzen. 1953 . . . . Bd. 319

Kartenkunde von *M. Eckert-Greifendorff †*. 3., durchgesehene Auflage von *W. Kleffner*. 149 Seiten mit 63 Abb. 1950 Bd. 30

Volkswirtschaft · Publizistik

Allgemeine Betriebswirtschaftslehre von *K. Mellerowicz*. 9., unveränderte Auflage. 1956.
I: 142 Seiten . . . . Bd. 1008
II: 112 Seiten. . . . . Bd. 1153
III: 143 Seiten. . . . . Bd. 1154

Allgemeine Volkswirtschaftslehre von *A. Paulsen*.
I: Grundlegung, Wirtschaftskreislauf. 138 Seiten mit 11 Abbildungen. 1956. . . . . Bd. 1169
II: Haushalte, Unternehmungen, Marktformen. In Vorbereitung . . . . Bd. 1170
III: Produktionsfaktoren, Geldwesen. In Vorbereitung . . Bd. 1171
IV: Konjunktur, Außenhandel, staatliche Aktivität. In Vorbereitung . . . . Bd. 1172

Zeitungslehre von *E. Dovifat*. 3., neubearbeitete Auflage. 1955.
I: Theoretische und rechtliche Grundlagen, Nachricht und Meinung, Sprache und Form. 148 Seiten. 1955 . . . . Bd. 1039
II: Redaktion, Die Sparten, Verlag und Vertrieb, Wirtschaft und Technik, Sicherung der öffentlichen Aufgabe. 158 Seiten. 1955 . . . . Bd. 1040

Naturwissenschaften

Mathematik

Darstellende Geometrie von *W. Haack.*

I: Die wichtigsten Darstellungsmethoden. Grund- und Aufriß ebenflächiger Körper. 110 Seiten mit 117 Abbildungen. 1954 . . . . Bd. 142

II: Körper mit krummen Begrenzungsflächen. Kotierte Projektionen. 129 Seiten mit 86 Abbildungen. 1954 . . Bd. 143

III: Axonometrie. Perspektive. Photogrammetrie. In Vorbereitung . . . . Bd. 144

Sammlung von Aufgaben und Beispielen zur analytischen Geometrie der Ebene von *R. Haussner †.* Mit den vollständigen Lösungen. 139 Seiten mit 22 Figuren im Text. Neudruck. 1949 . . . . Bd. 256

Nichteuklidische Geometrie von *R. Baldus †.* Hyperbolische Geometrie der Ebene. 3., verbesserte Auflage, durchgesehen und herausgegeben von *F. Löbell.* 140 Seiten mit 70 Figuren im Text. 1953 . . . . Bd. 970

Differentialgeometrie von *K. Strubecker* (früher Rothe).

I: Kurventheorie der Ebene und des Raumes. 150 Seiten mit 18 Figuren. 1955 . . . . Bd. 1113/1113a

Einführung in die konforme Abbildung von *L. Bieberbach.* 4. Auflage. 147 Seiten mit 42 Zeichnungen. 1949 . . . Bd. 768

Vektoranalysis von *S. Valentiner.* Neudruck der 7. Auflage (1950). 138 Seiten mit 19 Figuren. 1954 . . . . . . Bd. 354

Vermessungskunde von *P. Werkmeister.*

I: Stückmessung und Nivellieren. 9. Auflage. 165 Seiten mit 145 Figuren. 1949 . . . . Bd. 468

II: Messung von Horizontalwinkeln. Festlegung von Punkten im Koordinatensystem. Absteckungen. 7. Auflage. 151 Seiten mit 93 Figuren. 1949 . . . . Bd. 469

III: Trigonometrische und barometrische Höhenmessung. Tachymetrie und Topographie. 6. Auflage. 147 Seiten mit 64 Figuren. 1949 . . . . Bd. 862

Versicherungsmathematik von *F. Böhm.*

I: Elemente der Versicherungsrechnung. 3., vermehrte und verbesserte Auflage. Durchgesehener Neudruck. 151 Seiten. 1954 . . . . Bd. 180

II: Lebensversicherungsmathematik. Einführung in die technischen Grundlagen der Sozialversicherung. 2., verbesserte Auflage. 205 Seiten. 1953 . . . . Bd. 917/917a

Physik

Einführung in die theoretische Physik von *W. Döring.*

I: Mechanik. 119 Seiten mit 29 Abbildungen. 1954 . . Bd. 76

II: Das elektromagnetische Feld. 123 Seiten mit 15 Abbildungen. 1955 . . . . Bd. 77

III: Optik. 117 Seiten mit 32 Abbildungen. 1956 . . . . Bd. 78

IV: Thermodynamik. Mit 9 Abbildungen. In Vorbereitung Bd. 374

Atomphysik von *K. Bechert* u. *Ch. Gerthsen.* 3., umgearb. Aufl.

I: Allgemeine Grundlagen. I. Teil von *Ch. Gerthsen.* 123 Seiten mit 35 Abbildungen. 1955 . . . . Bd. 1009

II: Allgemeine Grundlagen. II. Teil von *Ch. Gerthsen.* 112 Seiten mit 48 Abbildungen. 1955 . . . . Bd. 1033

III: Theorie des Atombaus. I. Teil von *K. Bechert.* 148 Seiten mit 16 Abbildungen. 1954 . . . . . Bd. 1123/1123a

IV: Theorie des Atombaus. 2. Teil von *K. Bechert.* 170 Seiten mit 14 Abbildungen. 1954 . . . . Bd. 1165/1165a

Differentialgleichungen der Physik von *F. Sauter.* 2. Auflage. 148 Seiten mit 16 Figuren. 1950 . . . . Bd. 1070

Physikalische Formelsammlung von *G. Mahler* und *K. Mahler.* 9., durchgesehene Auflage. 153 Seiten mit 69 Figuren. 1955 . . . . Bd. 136

Physikalische Aufgabensammlung von *G. Mahler* u. *K. Mahler.* Mit den Ergebnissen. 8., durchgesehene Auflage. 127 Seiten. 1955 . . . . Bd. 243

Chemie

Geschichte der Chemie von *G. Lockemann.* In kurzgefaßter Darstellung.

I: Vom Altertum bis zur Entdeckung des Sauerstoffs. 142 Seiten mit 8 Bildnissen. 1950 . . . . Bd. 264

II: Von der Entdeckung des Sauerstoffs bis zur Gegenwart. 151 Seiten mit 16 Bildnissen. 1955 . . . . Bd. 265/265a

Anorganische Chemie von *W. Klemm.* 8. Auflage. 184 Seiten mit 18 Abbildungen. 1954 . . . . Bd. 37

Organische Chemie von *W. Schlenk.* 6., erweiterte Auflage. 263 Seiten. 1954 . . . . Bd. 38/38a

Allgemeine und physikalische Chemie von *W. Schulze.* 4., neubearbeitete Auflage.

I: 139 Seiten mit 10 Figuren. 1955 . . . . Bd. 71

II: 177 Seiten mit 37 Figuren. 1956 . . . . Bd. 698/698a

III: 1956. In Vorbereitung . . . . Bd. 786

Analytische Chemie von *J. Hoppe.* 5., verbesserte Auflage.

I: Reaktionen. 135 Seiten. 1950 . . . . Bd. 247

II: Gang der qualitativen Analyse. 166 Seiten. 1950 . . Bd. 248

Maßanalyse von *G. Jander* und *K. J. Jahr.* Theorie und Praxis der klassischen und der elektrochemischen Titrierverfahren. 7. Auflage.

I: Grundlagen. Oxydations- und Reduktionsanalysen. In Vorbereitung . . . . Bd. 221

II: Neutralisations- und Fällungsanalysen. In Vorbereitung Bd. 1002

III: Komplexometrie. Konduktometrie. Potentiometrie. In Vorbereitung . . . . Bd. 1004

Thermochemie von *W. A. Roth.* 2., verbesserte Auflage. 109 Seiten mit 16 Figuren. 1952 . . . . Bd. 1057

Physikalisch-chemische Rechenaufgaben von *E. Asmus.* 2. Auflage. 96 Seiten. 1949 . . . . Bd. 445

Stöchiometrische Aufgabensammlung von *W. Bahrdt* und *R. Scheer.* Mit den Ergebnissen. 5., verbesserte Auflage. 120 Seiten. 1952 . . . . Bd. 452

Elektrochemie und ihre physikalisch-chemischen Grundlagen von *A. Dassler.*

I: 149 Seiten mit 21 Abbildungen. 1950. . . . . Bd. 252

II: 178 Seiten mit 17 Abbildungen. 1950. . . . . Bd. 253

Technologie

Warenkunde von *K. Hassak†* und *E. Beutel†.* 7. Auflage. Neubearbeitet von *A. Kutzelnigg.*

I: Anorganische Waren sowie Kohle und Erdöl. 116 Seiten mit 19 Figuren. 1947 . . . . Bd. 222

II: Organische Waren. 143 Seiten mit 32 Figuren. 1949 . Bd. 223

Die Fette und Öle von *K. Braun†.* 5., völlig neubearbeitete und verbesserte Auflage von *Th. Klug.* 145 Seiten. 1950 Bd. 335

Die Seifenfabrikation von *K. Braun†*. 3., neubearbeitete und verbesserte Auflage von *Th. Klug*. 116 Seiten mit 18 Abbildungen. 1953 . . . . Bd. 336

Textilindustrie.

I: Spinnerei und Zwirnerei von *A. Blümcke*. 112 Seiten mit 43 Abbildungen. 1954 . . . . Bd. 184

Biologie

Einführung in die allgemeine Biologie von *M. Hartmann*. In Vorbereitung . . . . Bd. 96

Hormone von *G. Koller*. 2., neubearbeitete und erweiterte Auflage. 187 Seiten mit 60 Abb. und 19 Tabellen. 1949 . Bd. 1141

Fortpflanzung im Tier- und Pflanzenreich von *J. Hämmerling*. 2., ergänzte Auflage. 135 Seiten mit 101 Abb. 1951 . Bd. 1138

Geschlecht und Geschlechtsbestimmung im Tier- und Pflanzenreich von *M. Hartmann*. 2., verbesserte Auflage. 116 Seiten mit 61 Abbildungen und 7 Tabellen. 1951. . Bd. 1127

Grundriß der allgemeinen Mikrobiologie von *W. Schwartz*.

I: 104 Seiten mit 17 Abbildungen. 1949. . . . . Bd. 1155

II: 93 Seiten mit 12 Abbildungen. 1949. . . . . Bd. 1157

Symbiose der Tiere mit pflanzlichen Mikroorganismen von *P. Buchner*. 2., verbesserte und vermehrte Auflage. 130 Seiten mit 121 Abbildungen. 1949 . . . . Bd. 1128

Botanik

Entwicklungsgeschichte des Pflanzenreiches von *H. Heil*. 2. Auflage. 138 Seiten mit 94 Abbildungen und 1 Tabelle. 1950 Bd. 1137

Morphologie der Pflanzen von *L. Geitler*. 3. Auflage. 126 Seiten mit 114 Abbildungen. 1953 . . . . Bd. 141

Pflanzenzüchtung von *H. Kuckuck*. 3., völlig umgearbeitete Auflage.

I: Grundzüge der Pflanzenzüchtung. 132 Seiten mit 22 Abbildungen. 1952 . . . . Bd. 1134

Die Laubhölzer von *F. W. Neger†* und *E. Münch†*. Kurzgefaßte Beschreibung der in Mitteleuropa gedeihenden Laubbäume und Sträucher. 3., durchgesehene Auflage, herausgegeben von *B. Huber*. 143 Seiten mit 63 Figuren und 7 Tabellen. 1950 . . . . Bd. 718

Die Nadelhölzer (Koniferen) und übrigen Gymnospermen von *F. W. Neger†* und *E. Münch†*. 4. Auflage. Durchgesehen und ergänzt von *B. Huber*. 140 Seiten mit 75 Figuren, 4 Tabellen und 3 Karten. 1952 . . . . Bd. 355

Zoologie

Entwicklungsphysiologie der Tiere von *F. Seidel*.

I: Ei und Furchung. 126 Seiten mit 29 Abbildungen. 1953 . . . . Bd. 1162

II: Körpergrundgestalt und Organbildung. 159 Seiten mit 42 Abbildungen. 1953 . . . . Bd. 1163

Das Tierreich.

Fische von *D. Lüdemann*. 130 Seiten mit 65 Abbildungen. 1955 . . . . Bd. 356

Insekten von *H. von Lengerken*. 128 Seiten mit 58 Abbildungen. 1953 . . . . Bd. 594

Lurche von *K. Herter*. 140 Seiten mit 129 Abbild. 1955 Bd. 847
Spinnentiere von *A. Kaestner*. 96 S. mit 55 Abb. 1955 Bd. 1161
Würmer von *S. Jaeckel*. 112 Seiten mit 36 Abbild. 1955 Bd. 439
Weichtiere von *S. Jaeckel*. 92 Seiten mit 34 Abbildungen. 1954 . . . . Bd. 440
Stachelhäuter von *S. Jaeckel*. 100 Seiten mit 46 Abbildungen. 1955 . . . . Bd. 441
Schwämme und Hohltiere von *H. J. Hannemann*. 95 Seiten mit 80 Abbildungen. 1956 . . . . Bd. 442
Krebse von *H. E. Gruner* und *K. Deckert*. Mit 43 Abbildungen. 1956. In Vorbereitung . . . . Bd. 443
Protozoa von *E. Reichenow*. 1956. In Vorbereitung Bd. 444

Vergleichende Physiologie der Tiere von *K. Herter*. 3. Auflage der „Tierphysiologie".
I: Stoff- und Energiewechsel. 155 Seiten mit 64 Abbild. 1950 . . . . Bd. 972
II: Bewegung und Reizerscheinungen. 148 Seiten mit 110 Abbildungen. 1950 . . . . Bd. 973

Land- und Forstwirtschaft

Landwirtschaftliche Tierzucht von *H. Vogel*. Die Züchtung und Haltung der landwirtschaftlichen Nutztiere. 139 Seiten mit 11 Abbildungen. 1952 . . . . Bd. 228
Kulturtechnische Bodenverbesserungen von *O. Fauser*. 4., neubearbeitete Auflage.
I: Allgemeines, Entwässerung. 122 Seiten mit 47 Abbildungen. 1947 . . . . Bd. 691
II: Bewässerung, Ödlandkultur, Umlegung. 150 Seiten mit 67 Abbildungen. 1949 . . . . Bd. 692
Agrikulturchemie von *K. Scharrer*.
I: Pflanzenernährung. 143 Seiten. 1953 . . . . Bd. 329
II: Futtermittelkunde. 1956. In Vorbereitung . . . . . Bd. 330

Geologie · Mineralogie · Kristallographie

Kristallographie von *W. Bruhns†* und *P. Ramdohr*. 4. Auflage. 106 Seiten mit 163 Abbildungen. 1954 . . . . Bd. 210
Einführung in die Kristalloptik von *E. Buchwald*. 4., verbess. Auflage. 138 Seiten mit 121 Figuren. 1952 . . . . . Bd. 619
Lötrohrprobierkunde von *M. Henglein*. Mineraldiagnose mit Lötrohr- und Tüpfelreaktion. 3., verbesserte Auflage. 91 Seiten mit 11 Figuren. 1949 . . . . Bd. 483
Mineral- und Erzlagerstättenkunde von *H. Huttenlocher †*.
I: 128 Seiten mit 34 Abbildungen. 1954. . . . . Bd. 1014
II: 156 Seiten mit 48 Abbildungen. 1954. . . . . Bd. 1015/1015a
Allgemeine Mineralogie von *R. Brauns †* und *K. F. Chudoba*. 9., erweiterte Auflage der „Mineralogie" von *Brauns-Chudoba*. 104 Seiten mit 107 Figuren, 1 Tafel, 2 Tabellen. 1955 . . . . Bd. 29
Spezielle Mineralogie von *R. Brauns †* und *K. F. Chudoba*. 9., erweiterte Auflage der „Mineralogie" von *Brauns-Chudoba*. 133 Seiten mit 105 Figuren. 1955 . . . . . Bd. 31
Petrographie. Von *W. Bruhns†* und *P. Ramdohr*. 4., durchgesehene Auflage. 104 Seiten mit 10 Figuren. 1955 . . Bd. 173
Geologie von *F. Lotze*. 176 Seiten mit 80 Abbildungen. 1955 . . Bd. 13

Technik

Elektrotechnik

Grundlagen der Elektrotechnik von *O. Mohr*. 2 Bände. In Vorbereitung . . . . Bd. 196/197

Die Gleichstrommaschine von *K. Humburg*. Durchgesehener Neudruck.
I: 102 Seiten mit 59 Abbildungen. 1949. . . . . Bd. 257
II: 98 Seiten mit 38 Abbildungen. 1949 . . . . Bd. 881

Die synchrone Maschine von *K. Humburg*. Neudruck. 109 Seiten mit 78 Bildern. 1951 . . . . Bd. 1146

Induktionsmaschinen von *F. Unger*. 2., erweiterte Auflage. 142 Seiten mit 49 Abbildungen. 1954. . . . . Bd. 1140

Die komplexe Berechnung von Wechselstromschaltungen von *H. H. Meinke*. 160 Seiten mit 114 Abbildungen. 1949 . Bd. 1156

Theoretische Grundlagen zur Berechnung der Schaltgeräte von *F. Kesselring*. 3. Auflage. 144 Seiten mit 92 Abbildungen. 1950 . . . . Bd. 711

Einführung in die Technik selbsttätiger Regelungen von *W. zur Megede*. 1956. In Vorbereitung . . . . Bd. 714/714a

Elektromotorische Antriebe (Grundlagen für die Berechnung) von *A. Schwaiger*. 3., neubearbeitete Auflage. 96 Seiten mit 34 Abbildungen. 1952 . . . . Bd. 827

Technische Tabellen und Formeln von *W. Müller*. 4., verbesserte und erweiterte Auflage von *E. Schulze*. 152 Seiten mit 105 Figuren. 1951 . . . . Bd. 579

Überspannungen und Überspannungsschutz von *G. Frühauf*. Durchgesehener Neudruck. 122 Seiten mit 98 Abbildungen. 1950 . . . . Bd. 1132

Maschinenbau

Metallkunde. Einführendes über Aufbau, Eigenschaften und Untersuchung von Metallen und Legierungen sowie über Grundlagen des Schmelzens, des Gießens, des Verformens, der Wärmebehandlung, der Oberflächenbehandlung, der Verbinde- und Trennarbeiten von *H. Borchers*.
I: Aufbau der Metalle und Legierungen. 3. Auflage. 1956. In Vorbereitung . . . . Bd. 432
II: Eigenschaften. Grundzüge der Form- und Zustandsgebung. 2. Auflage. 154 Seiten mit 8 Tabellen und 100 Abbildungen. 1952 . . . . Bd. 433

Die Werkstoffe des Maschinenbaues von *A. Thum* und *C. M. Freiherr von Meysenbug*.
I: 1956. In Vorbereitung . . . . Bd. 476

Dynamik von *W. Müller*. 2., verbesserte Auflage.
I: Dynamik des Einzelkörpers. 128 Seiten mit 48 Figuren. 1952 . . . . Bd. 902
II: Systeme von starren Körpern. 102 Seiten mit 41 Figuren. 1952 . . . . Bd. 903

Technische Schwingungslehre von *L. Zipperer*. 2., neubearbeitete Auflage.

I: Allgemeine Schwingungsgleichungen, einfache Schwinger. 120 Seiten mit 101 Abbildungen. 1953 . . . . . Bd. 953
II: Torsionsschwingungen in Maschinenanlagen. 102 Seiten mit 59 Abbildungen. 1955 . . . . Bd. 961/961a

Transformatoren von *W. Schäfer*. 2. Auflage mit 74 Abbildungen. 1956. In Vorbereitung . . . . Bd. 952

Werkzeugmaschinen für Metallbearbeitung von *K. P. Matthes*.
I: 110 Seiten mit 27 Abbildungen, 11 Zahlentafeln im Text und 1 Tafelanhang. 1954 . . . . Bd. 561
II: Fertigungstechnische Grundlagen der neuzeitlichen Metallbearbeitung. 101 Seiten mit 30 Abbildungen und 5 Tafeln im Text. 1955 . . . . Bd. 562

Die Maschinenelemente von *E. A. vom Ende*. 3., verbesserte Auflage. Mit 175 Figuren und 9 Tafeln. 1956. In Vorbereitung . . . . Bd. 3

Das Maschinenzeichnen mit Einführung in das Konstruieren von *W. Tochtermann*. 4. Auflage.
I: Das Maschinenzeichnen. 156 Seiten mit 77 Tafeln. 1950 Bd. 589
II: Ausgeführte Konstruktionsbeispiele. 130 Seiten mit 58 Tafeln. 1950 . . . . Bd. 590

Getriebelehre von *P. Grodzinski*. 2., neubearbeitete Auflage.
I: Geometrische Grundlagen. 159 Seiten mit 142 Figuren. 1953 . . . . Bd. 1061

Gießereitechnik von *H. Jungbluth*.
I: Eisengießerei. 126 Seiten mit 44 Abbildungen. 1951 . . Bd. 1159

Die Dampfkessel und Feuerungen einschließlich Hilfseinrichtungen in Theorie, Konstruktion und Berechnung von *W. Marcard †*. 2. Auflage. Neubearbeitet von *K. Beck*.
I: Die theoretischen Grundlagen. Wärme, Verbrennung, Wärmeübertragung. 150 Seiten mit 42 Abbildungen und 16 Tabellen. 1951 . . . . Bd. 9
II: Dampfkessel. 147 Seiten mit 43 Abbildungen. 1952 . . Bd. 521

Dampfturbinen von *C. Zietmann*. 3., verbesserte Auflage.
I: Theorie der Dampfturbinen. 140 Seiten mit 48 Abbildungen. 1955 . . . . Bd. 274
II: Die Berechnung der Dampfturbinen und die Konstruktion der Einzelteile. 134 Seiten mit 111 Abbildungen. 1956 . . . . Bd. 715
III: Ihre Wirkungsweise, Berechnung und Konstruktion. Mit 90 Abbildungen. 1956. In Vorbereitung . . . . . Bd. 716

Industrielle Kraft- und Wärmewirtschaft von *F. A. F. Schmidt*. 1956. In Vorbereitung. . . . . Bd. 318/318a

Technische Thermodynamik von *W. Nusselt*.
I: Grundlagen. 4., verbesserte Auflage. 144 Seiten mit 71 Abbildungen. 1956. In Vorbereitung . . . . Bd. 1084
II: Theorie der Wärmekraftmaschinen. Neudruck. 144 Seiten mit 87 Abbildungen und 32 Zahlentafeln. 1951 . . Bd. 1151

Autogenes Schweißen und Schneiden von *H. Niese*. 5. Auflage. Neubearbeitet von *A. Küchler*. 136 Seiten mit 71 Figuren. 1954 . . . . Bd. 499

Die elektrischen Schweißverfahren von *H. Niese*. 2. Auflage. Neubearbeitet von *H. Dienst*. 136 Seiten mit 58 Abbildungen. 1955 . . . . Bd. 1020

Hebezeuge von *G. Tafel*.
I: 2., verbesserte Auflage. 276 Seiten mit 230 Figuren. 1954 . . . . Bd. 414/414a

Wasserbau

Wasserkraftanlagen von *A. Ludin.*
I: Planung, Grundlagen und Grundzüge. 124 Seiten mit 60 Abbildungen. 1955 . . . . Bd. 665
II: In Vorbereitung . . . . Bd. 666
Verkehrswasserbau von *H. Dehnert.*
I: Entwurfsgrundlagen, Flußregelungen. 103 Seiten mit 52 Textabbildungen. 1950 . . . . Bd. 585
II: Flußkanalisierungen und Schiffahrtskanäle. 94 Seiten mit 60 Textabbildungen. 1950 . . . . Bd. 597
III: Schleusen und Hebewerke. 98 Seiten mit 70 Textabbildungen. 1950 . . . . Bd. 1152
Talsperren von *F. Tölke.* 122 Seiten mit 70 Abbildungen. 1953 Bd. 1044
Wehr- und Stauanlagen von *H. Dehnert.* 134 Seiten mit 90 Abbildungen. 1952 . . . . Bd. 965

Hoch- und Tiefbau

Festigkeitslehre von *W. Gehler †* und *W. Herberg.*
I: Elastizität, Plastizität und Festigkeit der Baustoffe und Bauteile. Durchgesehener und erweiterter Neudruck. 159 Seiten mit 18 Bildern. 1952 . . . . Bd. 1144
II: Formänderung, Platten, Stabilität und Bruchhypothesen. Bearb. von *W. Herberg* und *N. Dimitrov.* 187 Seiten mit 94 Bildern. 1955 . . . . Bd. 1145/1145a
Statik der Baukonstruktionen von *A. Teichmann.*
I: Grundlagen. 101 Seiten mit 51 Abbildungen und 8 Formentafeln. 1956 . . . . Bd. 119
Grundlagen des Stahlbetonbaus von *A. Troche.* 2., neubearbeitete und erweiterte Auflage. 208 Seiten mit 75 Abbildungen, 17 Bemessungstafeln und 20 Rechenbeispielen. 1953 . . . . Bd. 1078
Fenster, Türen, Tore aus Holz und Metall. Eine Anleitung zu ihrer guten Gestaltung, wirtschaftlichen Bemessung und handwerksgerechten Konstruktion von *W. Wickop.* 4., überarbeitete Auflage. 155 Seiten mit 95 Abbildungen 1955 . . . . Bd. 1092
Die wichtigsten Baustoffe des Hoch- und Tiefbaus von *O. Graf.* 4., verbesserte Auflage. 131 Seiten mit 63 Abbildungen. 1953 . . . . Bd. 984
Baustoffverarbeitung und Baustellenprüfung des Betons von *A. Kleinlogel.* 2., neubearbeitete und erweiterte Auflage. 126 Seiten mit 35 Abbildungen. 1951 . . . . . Bd. 978
Heizung und Lüftung von *J. Körting †* und *W. Körting.* 8., neubearbeitete Auflage.
I: Das Wesen und die Berechnung der Heizungs- und Lüftungsanlagen. 140 Seiten mit 29 Abbildungen und 18 Zahlentafeln. 1951 . . . . Bd. 342
II: Die Ausführung der Heizungs- und Lüftungsanlagen. 152 Seiten mit 165 Abbildungen und 7 Zahlentafeln. 1954 . . . . Bd. 343

SAMMLUNG GÖSCHEN - BANDNUMMERNFOLGE

1 Langosch, Der Nibelunge Nôt
3 vom Ende, Maschinenelemente
9 Marcard-Beck, Dampfkessel I
13 Lotze, Geologie
20 Hofstaetter-Spree, Dt. Sprachlehre
29 Brauns-Chudoba, Allg. Mineralogie
30 Eckert-Greifendorff-Kleffner, Kartenkunde
31 Brauns-Chudoba, Spez. Mineralogie
35 Treue, Deutsche Geschichte
37 Klemm, Anorganische Chemie
38/38a Schlenk, Organ. Chemie
42 Behn, Vorgeschichte Europas
51 Bürklen-Ringleb, Mathematische Formelsammlung
60 Biehle, Stimmkunde
61 Biehle, Redetechnik
66 Berneker-Vasmer, Russische Grammatik
70 Nestle, Griech. Literaturgesch. I
71 Schulze, Allgem. und physikalische Chemie I
76 Döring, Einführg. i. d. theoret. Physik I
77 Döring, Einführg. i. d. theoret. Physik II
78 Döring, Einführg. i. d. theoret. Physik III
79 Hempel, Got. Elementarbuch
80 Weigert, Stilkunde I
96 Hartmann, Allg. Biologie
101 v. Wiese, Soziologie
103 Dahrendorf, Industrie- und Betriebssoziologie
104/104a Hofstätter, Sozialpsychol.
111 Hoffmann-Debrunner, Geschichte der griech. Sprache I
114 Debrunner, Geschichte der griech. Sprache II
117 Brandenstein, Griechische Sprachwissenschaft I
118 Brandenstein, Griechische Sprachwissenschaft II
119 Teichmann, Statik der Baukonstruktionen
125 Vossler, Italienische Literaturgeschichte
128/128a Lausberg, Roman. Sprachwiss. I
136 Mahler, Physikalische Formelsammlung
141 Geitler, Morphologie der Pflanzen
142 Haack, Darst. Geometrie I
143 Haack, Darst. Geometrie II
144 Haack, Darst. Geometrie III
145 Weimer, Geschichte der Pädagogik
146 Witting, Repetitorium und Aufgabensammlung zur Differentialrechnung
147 Witting, Repetitorium und Aufgabensammlung zur Integralrechnung
156/156a Landmann, Philosoph. Anthropologie
170 Oehlmann, Musik des 19. Jahrhunderts
173 Bruhns-Ramdohr, Petrographie
180 Böhm, Versicherungsmathematik I
184 Blümcke, Spinnerei und Zwirnerei
196 Mohr, Grundlagen der Elektrotechnik I
197 Mohr, Grundlagen der Elektrotechnik II
200/200a Gottschald, Dt. Rechtschreibungswörterbuch
210 Bruhns-Ramdohr, Kristallographie
220/220a Moser, Allgemeine Musiklehre
221 Jander-Jahr, Maßanalyse I
222 Hassak-Beutel, Warenkunde I
223 Hassak-Beutel, Warenkunde II
226 Hofmann, Geschichte der Mathematik I
228 Vogel, Landw. Tierzucht
230 Krieger, Bad. Geschichte
238 Krahe, German. Sprachwiss. I
243 Mahler, Physikal. Aufgabensammlung
247 Hoppe, Analytische Chemie I
248 Hoppe, Analytische Chemie II
250 Lausberg, Roman. Sprachwiss. II
252 Dassler, Elektrochemie I
253 Dassler, Elektrochemie II
256 Haussner, Aufgabensammlung zur analytischen Geometrie der Ebene
257 Humburg, Die Gleichstrommaschine I

264 Lockemann, Geschichte der Chemie I
265/265a Lockemann, Geschichte der Chemie II
270 Kirn, Einführung in die Geschichtswissenschaft
274 Zietemann, Dampfturbinen I
279 Jacob, Quellenkunde der deutschen Geschichte I
280 Jacob, Quellenkunde der deutschen Geschichte II
281 Leisegang, Einführung in die Philosophie
284 Jacob-Weden, Quellenkunde der deutschen Geschichte III
318/318a Schmidt, Industrielle Kraft- und Wärmewirtschaft
319 Krug, Australien und Ozeanien
329 Scharrer, Agrikulturchemie I
330 Scharrer, Agrikulturchemie II
335 Braun-Klug, Fette und Öle
336 Braun-Klug, Seifenfabrikation
342 Körting, Heizung und Lüftung I
343 Körting, Heizung und Lüftung II
344 Moser, Musikästhetik
354 Valentiner, Vektoranalysis
355 Neger-Münch, Nadelhölzer
356 Lüdemann, Fische
374 Döring, Einführung in die theoretische Physik IV
375 Preller, Geschichte Englands I
394/394a Schilling, Von der Renaissance bis Kant
414/414a Tafel, Hebezeuge I
422 Gottschald, Dt. Personennamen
423 Adler, Fünfstell. Logarithmen
432 Borchers, Metallkunde I
433 Borchers, Metallkunde II
439 Jaeckel, Würmer
440 Jaeckel, Weichtiere
441 Jaeckel, Stachelhäuter
442 Hannemann, Schwämme und Hohltiere
443 Gruner-Deckert, Krebse
444 Reichenow, Protozoa
445 Asmus, Physikal.-chemische Rechenaufgaben
452 Bahrdt-Scheer, Stöchiometrische Aufgabensammlung
468 Werkmeister, Vermessungskunde I
469 Werkmeister, Vermessungskunde II
476 Thum-Meysenburg, Die Werkstoffe des Maschinenbaues I
483 Henglein, Lötrohrprobierkunde
492 Stolz-Debrunner, Geschichte der lateinischen Sprache
499 Niese, Autogen. Schweißen
500 Simmel, Hauptprobleme der Philosophie
521 Marcard-Beck, Dampfkessel und Feuerungen II
536 Lehmann, Kant
538 Rumpf, Archäologie I
539 Rumpf, Archäologie II
557 Nestle, Griechische Literaturgeschichte II
561 Matthes, Werkzeugmaschinen I
562 Matthes, Werkzeugmasch. II
564 Behn, Kultur der Urzeit I
565 Behn, Kultur der Urzeit II
566 Behn, Kultur der Urzeit III
571 Lehmann, Philosophie des 19. Jahrhunderts
576/576a Moser, Gesangskunst
579 Müller-Schulze, Techn. Tabellen
585 Dehnert, Verkehrswasserbau I
589 Tochtermann, Maschinenzeichnen I
590 Tochtermann, Maschinenzeichnen II
594 Lengerken, Insekten
597 Dehnert, Verkehrswasserbau II
619 Buchwald, Kristalloptik
665 Ludin, Wasserkraftanlagen I
666 Ludin, Wasserkraftanlagen II
668 Knopp, Funktionentheorie I
691 Fauser, Kulturtechn. Bodenverbesserungen I
692 Fauser, Kulturtechn. Bodenverbesserungen II
698/698a Schulze, Allgemeine und physikalische Chemie II
703 Knopp, Funktionentheorie II
709 Lehmann, Philosophie des 19. Jahrhunderts II
711 Kesselring, Berechnung der Schaltgeräte
714/714a zur Megede, Einführung in die Technik selbsttätiger Regelungen
715 Zietemann, Dampfturbinen II
716 Zietemann, Dampfturbinen III
718 Neger-Münch, Laubhölzer
735 Ekwall, Hist. neuengl. Laut- und Formenlehre
763/763a Beer-Meyer, Hebräische Grammatik I
764/764a Beer-Meyer, Hebräische Grammatik II

1113/1113a Strubecker, Differentialgeometrie I
1114 Schubel, Englische Literaturgeschichte I
1115 Ranke, Altnord. Elementarbuch
1116 Meissner, Englische Literaturgeschichte II
1121 Naumann, Dt. Dichten und Denken
1122 Feist, Sprechen und Sprachpflege
1123/1123a Bechert-Gerthsen, Atomphysik III
1124 Meissner, Englische Literaturgeschichte III
1125 Lehnert, Altengl. Elementarbuch
1127 Hartmann, Geschlecht und Geschlechtsbestimmung im Tier- und Pflanzenreich
1128 Buchner, Symbiose der Tiere mit pflanzl. Mikroorganismen
1130 Dibelius, Jesus
1131 Scholz-Schoeneberg Einführung in die Zahlentheorie
1132 Frühauf, Überspannungen und Überspannungsschutz
1134 Kuckuck, Pflanzenzüchtung I
1135 Lehnert, Beowulf
1136 Meissner, Englische Literaturgeschichte IV
1137 Heil, Entwicklungsgeschichte des Tier- und Pflanzenreichs
1138 Hämmerling, Fortpflanzung im Tier- und Pflanzenreich
1140 Unger, Induktionsmaschinen
1141 Koller, Hormone
1142 Meissner-Lehnert, Shakespeare
1144 Gehler, Festigkeitslehre I
1145/1145a Herberg, Festigkeitslehre II
1146 Humburg, Synchrone Maschine
1147 v. Waltershausen, Kunst des Dirigierens
1148 Pepping, Der polyphone Satz I
1151 Nusselt, Technische Thermodynamik II
1152 Dehnert, Verkehrswasserbau III
1153 Mellerowicz, Allg. Betriebswirtschaftslehre II
1154 Mellerowicz, Allg. Betriebswirtschaftslehre III
1155 Schwartz, Mikrobiologie I
1156 Meinke, Kompl. Berechng. d. Wechselstromschaltungen
1157 Schwartz, Mikrobiologie II
1158 Mayrhofer, Sanskrit-Grammatik
1159 Jungbluth, Gießereitechnik I
1160 Dibelius-Kümmel, Paulus
1161 Kaestner, Spinnentiere
1162 Seidel, Entwicklungsphysiologie der Tiere I
1163 Seidel, Entwicklungsphysiologie der Tiere II
1165/1165a Bechert-Gerthsen, Atomphysik IV
1169 Paulsen, Allgem. Volkswirtschaftslehre I
1170 Paulsen, Allgem. Volkswirtschaftslehre II
1171 Paulsen, Allgem. Volkswirtschaftslehre III
1172 Paulsen, Allgem. Volkswirtschaftslehre IV

AUTORENREGISTER

FSC
www.fsc.org
MIX
Papier | Fördert gute Waldnutzung
FSC® C083411

Kolibri 360 GmbH
Ferdinand-Jühlke-Straße 7
99095 Erfurt, Deutschland
produktsicherheit@kolibri360.de